颜卤煮

———

著

你，可以不
泯然于众人

天津出版传媒集团

天津人民出版社

Be
yourself

图书在版编目（CIP）数据

你，可以不泯然于众人 / 颜卤煮著. —— 天津：天津人民出版社，2018.9

ISBN 978-7-201-13846-6

Ⅰ.①你… Ⅱ.①颜… Ⅲ.①成功心理 – 通俗读物 Ⅳ.①B848.4-49

中国版本图书馆CIP数据核字（2018）第165381号

你，可以不泯然于众人
NI，KEYI BU MINRAN YU ZHONGREN

出　　版	天津人民出版社
出 版 人	黄　沛
地　　址	天津市和平区西康路35号康岳大厦
邮政编码	300051
邮购电话	（022）23332469
网　　址	http://www.tjrmcbs.com
电子邮箱	tjrmcbs@126.com

责任编辑	陈　烨
策划编辑	孙倩茹
特约编辑	李　羚
装帧设计	CINCEL

制版印刷	天津翔远印刷有限公司
经　　销	新华书店
开　　本	880×1230毫米　1/32
印　　张	8.5
字　　数	200千字
版次印次	2018年9月第1版　2018年9月第1次印刷
定　　价	39.80元

Contents 目录

第二章
慢下来，去发现重复的价值

第三章
先热烈地活一把，再去与生活和解

第四章
有些东西你看到了，却还穿不透

第五章
最漂亮的人生，是让别人尊重你的独特性

第六章
不压抑的平静，才是回到了自己

成人的世界里，「熬」字是金

问问自己，离「过气」还有多远

远离那些涣散之物，远离那些「差不多得了」

真正的斗志内生于自我

如何判断你的选择是逃避，还是出于明确的意志

杀不死你的，必使你强大

不历经挣扎，怎么能看见自己

每一天，都在和即将尘埃落定的生活赛跑

第一章

成人的世界里，『熬』字是金

成人的世界里，"熬"字是金

人要走过多少路，打破多少幻想，磨掉多少棱角，接受多少失望，才能生出这一层对于生活的坚定。

※

如何判断一个人从孩子变成了大人？我想大抵有一个标准，它叫作：安住。

古人说：安身立命，这个词很难做到，因为人要在某处安下身来，精神有所寄托，前提有两个：

一个是你曾多次轻易出入各种境遇，来时不带顾虑，走时也不打招呼，只是凭着性子和未成形状的欲念。

这样过了很久，你累了，见多了，才慢慢知道自己想要什么，适合什么，想做什么。

更掂量清楚了世界之大和自己的渺小，日渐理智，生成了一套计算标准，最后选择一条划算又舒服的路。

另一个前提是，你终于能够容忍乏味、重复和紊乱。

忍受紊乱是一种能力，全靠磨。

年轻时我们总喜欢轻易开始，轻易离开，很重要的一个原因大概是无法容忍重复。任何一段关系，一段旅程，一座城市，一种活法，开始时总是热恋一般期待，但后来一定归于寻常。

另一个原因则是无法容忍紊乱。刚到一处总是简单明澈，看什么都美好，久了总会发现有人的地方便有江湖。

人有一种痴念，好像我们拥有某种魔力，能让世间所有多样趋于一致，大一统于自己的意念。

其实这是不可能的，因为有人的地方便有江湖，这是一种常态，永恒的常态，无论你去哪里，与谁在一起，处于哪种活法，只要开始深入，就会发现斗争、紊乱、琐碎都是一样的错综复杂，你逃不开。

所以要安住，很难。

人要走过多少路，打破多少幻想，磨掉多少棱角，接受多少失望，才能生出这一层对于生活的坚定。

※

所以，纵横容易，建树难。

迁徙总是很容易，但认定了一个地方，日复一日地深耕下去却不简单。

前者只需要兴致，后者则需要坚持。

年轻时很多事情看不惯，理不顺，总觉得下一秒就要忍无可忍，便告诉自己：是环境的问题，是它不适合我，我还没选过几次呢，没准我该换一换了。

人有一种惰性，它是一种用于逃避的润滑剂。

每一次当你和世界较劲，进入最关键艰难的时刻，它总会悄悄塞给你一句话：嘿，这不是你的问题，换个地方生活吧。

这句话貌似是把你解脱了出来，但你只不过是换了一个地方，重新开始那个最初的流程。

最艰难、最要克服的阶段从未远去，它只是在下一个阶段继续等着你而已。

所以成年人的世界里，"喜欢"这个词没那么重要，"熬"和"扛"更重要。

"喜欢"只有在做出选择时才有效，且效力往往只有一次；但"扛"，意味着选择之后的一切，是实现选择的全部过程。

如果只有"喜欢"，便注定只有一次次的选择，而没有一个选择有结果。

熬和扛，往往很痛，而且是隐隐的、长期的痛，你要容忍很多不满、问题和隐患，但我们依旧要熬下去、扛下去。

因为成年人能明白两个道理：一、人是有差异的；二、世界会变，你永远不知道下一步局面会有怎样的变化。

※

熬，意味着要忍耐人与人之间的差异。

很多问题、不足、差异明明看见了，却不着急动手，不着急离开，在一点一滴中去推动、去靠近。这才是现实世界里的英雄。

以前一个比较功利的人，特别喜欢用一个词：改变，但现在很少使用了，因为它是不实际的。

我们无法彻底改变一个人，我们只能引导、影响一个人，从而寻找到一条中间的路，在那条路上，彼此相处舒服，共同走下去，趋近共同的目标。

这个道理在爱情里是适用的，在别处也适用。

太快否定一个人，其实跟太快肯定一个人一样幼稚。

因为这个世界上并没有那么多"跟我一卦"的人，能跟你一卦的人，其实只有你自己。每个人都有自己的特质，都有自己对于生活的理解，都有自己的小世界，如果出于一种极致单纯的出发点去寻找爱人、合作伙伴、朋友，结果只会是耗损和痛苦。

真正的英雄不必大杀四方，而是要建立氛围，做温柔的操控者。

后来想一想生活中因为我的存在而发生变化的朋友，其实我们之间并非有过什么严肃的谈话，很多时候只是因为几场共同的旅游，几次一起喝酒、用餐的约会，还有我关于生活的文字叙述、衣着打扮、行为习惯、工作作风等再细碎不过的事情。

他们会突然告诉我：哎呀，自从认识你之后，我觉得自己越来越放飞自我了。

听到这种话，我是特别开心的。人和人的相处是一面镜子，我们无法按照自己的模子把对面的人切出来，这是无效且伤人的。

但我们却能通过建立完整而有吸引力的自我，打开自己，去带动对方，感染对方。

认识到了这一点后，我们才能放下对于人性的悲观，去容忍人与人之间的差异，不再轻易放弃，不再脆弱易碎。

※

熬，意味着看得到变化。

人在什么情况下会熬不下去？

很简单，就是你看不到未来，自己的眼前一片黑的时候。

但很多时候，我们都太快觉得自己看到底了，其实"底"后面还有一层"底"，因为局势往往超出了个人的预判。

可以做一个思想实验：回忆一个对象，那个对象（人或者工作或者行业或者城市等）是你当初某个瞬间觉得忍无可忍，或者无路可走的时候离开的。然后，找找它现在的模样，它是否还像当初你觉得的那样不堪？甚至如你当初所想的那样越来越糟糕了？

大部分其实不会，可能好转了，可能你现在觉得没那么严重了。

其实事情就是这样，我们对事情的感受往往比事情本身要严重，"不识庐山真面目，只缘身在此山中"，大概就是这个意思。

只有当我们出出进进，来来回回了很多次，才会理解一个根本的道理——但凡还有一丝希望，就要咬紧牙关扛下去，不放弃地推动下去。

如果是自己的事情，这种感受怕会是更深一些：问题再多，困难再多，也会形成一种盲目，假装看不见、听不到的状态，只是一如既往地撑下去，直到引起变化，打开一点点新局面，如此下去。

久而久之，便会对万事万物形成一种感觉：世上任何事物，大概都是在这样一种状态中——在阻挠中前进，在怀疑中坚持，在矛盾中一致，在紊乱、重复、厌倦中一点一滴生长起来。

没有一帆风顺，没有绝对一致，没有理想主义，没有乌托邦。

我们身边的人，我们的工作，我们的兴趣，我们的人际，那些一切看似正在耗损我们的事物，不要着急抱怨，不要着急摆脱，不要着急去寻觅一个可以一劳永逸的方式，因为一劳永逸是不存在的。

逃开一切去旅行一次，去大醉一场，去放纵一场，都只是暂时的，无法长存。

长存之物，必有阻挠，必有差异，必有怀疑，必有矛盾，必有紊乱和重复，这大概就是生活的本质。

　　真正的英雄，便是看清了这一点，还能继续热爱它，还愿意耐心地理清它，去打一场长期战的人。

问问自己，离"过气"还有多远

活着的尴尬，常常源于强行让自己永恒化。经典和过气的最大差异，或许就在于它过气的时候是否还在人世。

※

只要人活在时光中，便会面临一重无法摆脱的尴尬，它叫作：过气。

我曾写过一篇文章，叫《为什么隔一段时间就觉得过去的自己很Low》，相信很多人都有同样的感觉，每回忆前一段时间的自己，就会产生一种感觉：那个人是我吗？那么白痴？那么土气？那么迂腐？那么死脑筋？

这就是过气感。

只要还在进步，我们就会处于一种感觉自我不断"过气"的过程中，剥落、新生、剥落、新生……如此反复。

过气在生活中处处可见。

歌曲的过气最普遍，很多歌曲若不是进入KTV，你永远不会想起要在平时播放，但那些歌明明就是你小时候的最爱。

思潮的过气也无处不在。马东和许知远之争让我不禁自问：明明读书时最喜欢许知远等人的表达方式，为什么现在倒成了马东和《奇葩说》的"粉丝"呢？

商业的过气更是速度惊人。从诺基亚手机到苹果手机，当我们回顾时，并不记得中间到底发生了什么，新的时代、新的消费方式、新的一切就这么来了。

爱情的过气也是困扰着我的问题。很多错过的恋人，当时是互相喜欢的，分开是痛苦的，但现在回头也大多化成了一缕薄凉的唏嘘：现在我肯定不会喜欢他的。

还有代际的过气。游子总说故乡永远是回不去的，因为不仅你身体远了，心也远了，被连根拔起抽离出了那个环境，所以即便回家也再难融入，虽在一个时空，也是恍如隔世。

小时候我总会想一个问题——为什么人会无缘无故地喜欢一个事物，又无缘无故忘记，并且不带一丝惭愧。

后来才明白这不是人的冷漠，它只是一种常情。

时间一过，回过头来你自然而然就会觉得：哦，那个明星的演绎方式确实不入时了，怎么都觉得怪怪的；哦，诺基亚真的就是有些落伍了；哦，那个人现在看起来就是不合适了，搁到现在我俩也得分手；哦，幸好我当时没有留在故乡，原来已经走了这么远了……

人就是这么无情，只要时间一过，就会发自内心地觉得合情合理、理所当然。

※

但一旦你反过来想，就细思极恐了：有没有可能我们不是走得快的一方，而是那个正在过气的一方？

在你自我感觉良好的时候，过气感已经遍布全身。

人能意识到自己的过气，这是一种大幸。但当人无法意识到自己正在过气时，就会被时代、潮流、机会、市场所抛弃，这是一种悲剧，而这个过程，往往如温水煮青蛙。

它是人和时间的必然关系——人是血肉之躯，跑得再快，速度终会减缓下来；而时间是绝对向前之物，两者一定会产生速度差。

时间一定会不断剥离个体和世界、故乡、朋友、商业潮流之间的亲密关系。

等到全新之物到来的时候，所有的感觉、语境、体验方式、接受方式早已全然改变。

这一定是所有企业巨头最想死死抓住的东西——未来需要什么？青年人在想什么？世界会往何处去？新的潮流在哪里？

因为他们都知道时间不会等任何人，不会理会任何经济建筑，它只会向前、再向前，过气的事物终将被遗忘，新的庞然大物即将崛起。

所以，一个感觉很灵敏的人都有一种习惯，他们会不断离开自己熟悉的环境，去感受这个世界——看看自己和世界的关系如何，自己的所作所为是否还被这个世界所需要，自己的行为方式是否还处于市场的中心。

这种做法虽然不一定有用，但出于本能地四处摸索，是非常重要的一种天赋。

对待文字，我时常会有这样的感觉，现在我的文字意涵、文字质感，或许是切合当下人心绪、思潮的，但再过个几年呢？

不知道。

就像自己现在看20世纪90年代的文字一样，陌生的过气感（当然你也可以说是经典感）扑面而来，不得不承认它已不再属于这个世界，不再切合当下的情境了，甚至很多语句和姿态都有些好笑。

所以我会尽量告诉自己：太轻易过气的东西别生产；太轻易过气的东西，不值得拥有。

　　※

活着的尴尬，常常源于强行让自己永恒化。

经典和过气的最大差异，或许就在于它过气的时候是否还在人世。

一个人／物件，如果早早离开人世／市场，或许会成为经典。但尴尬的是，当大环境已经开始扭转，它还在坚持自己的老一套，并且苦苦撑了很长一段时间，就很容易成为笑话。

尤其把一个明明已经"不太对劲"的东西，硬生生拽进全新的境遇之中，比如过气明星的复出、新瓶装旧酒的商业行为等等。

害怕过气但又无法做出一些有效行为的时候，就会这样。

对环境的敏感很重要，但大部分人却只埋头于过去，对四周轰轰隆隆的时间之声全然不知。

明白了这些又有何用呢？

作为一个悲观的乐观主义者，我总觉得：人若没有悲观过，是无法真正乐观起来的。

心里明白了，便给自己两个建议：

首先，要改变。

既然过气是世间的规律，唯一能够减缓过气的方式就是改变。

这种改变，不是沿着原路做一些枝叶上的改变，而是从根上的改变。

随时去体会当下最新的语境、当下最新的市场，时时刻刻生出新的根，找新的方向。

勇敢往新的方向派出骑兵，去开拓新的、细小的可能，这些全然不同的细小尝试，会阻止你在一条老路上走得太彻底，回不了头，它会让你保持一定松散性、匀出一定调转的可能。

在巨大拐点来临时，这些细小的尝试能把你一点点掰过来，把大盘转过来，让你继续跟得上时间的脚步，继续前行。

其次，要有超前的意识。

永远警惕最熟、最滥、最热的东西，因为盛极必衰。

不要跟风，不要重复，要尖，要扎，要狠。

永远尽力去做那个超出了当下要求的新事物，哪怕有些人还不懂你，哪怕还没有被完全看到价值都没有关系，但超前性很重要。

找对了感觉就去做，去打开局面，让四周眼光渐渐会聚过来，只有超前了，走在了时间的前面，你才会有赢的可能，否则我们只能永远追逐时间。

最后，多问问自己：离过气，我还有多远？

远离那些涣散之物，远离那些"差不多得了"

活着，全凭吊起来的那一口气，下不去上不来，卡在命门。要么高，要么低，千万别给我们一个漫长的"差不多得了"的中间状态，那会生不如死。

大部分人的生活都遵循一种规律：幼年时完美主义，长大后标准渐松，然后就垮成了"差不多得了"。

所谓"饶了自己，饶了生活，方能平安一生"，所谓"你迟早也要这样的，这才是生命的智慧"，所谓"年纪大了就是这样"，诸如此类，这便是大部分"过来人"活着的信条。

而我偏是个"倒着长"的人——越长大，越不愿意服软，越不愿意服从那个"差不多得了"的状态。

所以，我会有意识远离一切涣散之物。

这不是在宣扬一种庸俗的论调，这是一种真真切切的生之体验。

※

人活着的气力，源于两个方面：一个是先天，天不怕地不怕的蛮力；一个是后天，明白了自己的渺小、世界的无常、时间的不可抗，而后生出的一种"反弹"之力。

先说第一点。我和走得长久的朋友大体属于同一类型的人：赌着一口气活着。

活着，全凭吊起来的那一口气，下不去上不来，卡在命门。

要么高，要么低，千万别给我们一个漫长的"差不多得了"的中间状态，那会生不如死。

老话说得好，"三岁看小，七岁看老"，直到现在家里人还常跟我说小时候我在幼儿园的一件事。

那时候幼儿园办运动会，项目类似于小娃娃拉力赛，每个小朋友都要扛着一个重重的沙袋比赛，跨越各种障碍物，家长在旁边加油助威。

记得那次比赛是在晚上，灯光闪闪，有好多人，家里人说其他小朋友都开开心心过来，就我一个人特别严肃。

小时候我瘦得跟个小猴崽似的，老师一声令下，我就闷着头背着沙袋拼了命地跑，什么绕圈啊，负重啊，别的小朋友嫌累都往爷爷奶奶怀里钻，或者爸爸妈妈跳进来帮忙弄，只有我一个人死死地扛着那个小沙袋，谁都不顾拼了命跑，跟开马达一样，谁都不看，最后一身汗，头发全粘在一起，拿了个第一名。

其实我小时候身体特别虚弱，经常做噩梦，隔三岔五就生病，但就是特别倔，倔得上天。

吃药时别的孩子都要哄，就我一个人生生用牙齿嚼，把糖衣咬开，嘴巴里全是苦辣辣的药渣，一口水吞下去，张开嘴告诉大人：你看，我都吃完了，不就是一颗药么？

用家里话来说，我从小就倔强，心又细，认定的事必须要做，大人还说不得，一说我的眼睛都要"横到天上去"。

现在想想，小时候为什么身体那么虚，大概是精神劲儿把身体气力都给耗掉了。

但"精神头"这个东西很神奇，尽管幼年得过几场大病，但后来都好了，一点后遗症也没有，而这"一口气"却像种子一样埋了下来，影响到了自己后来的人生轨迹。

也不是没有尝试过妥协，但就是无法做到。

因为人有一种神奇的心理机制，它会自动排斥那些与你不相符的东西。

比如爱情。我交往的男性往往年纪偏大，其中有些人特别喜欢说的一句话就是"差不多得了"，于是最终爱情也成了"差不多得了"的涣散产物，风吹即逝。

比如生活状态。一旦环境让我不得不进入一种"差不多得了"的敷衍状态时，我知道自己一定坚持不了多久就会离开。

每个人都有一根线，它是定义"你之所以是你"的界限，我的那根线就叫作"差不多得了"。

无法接受一种不去努力的生活；无法容忍事情不经过操持和规划的紊乱；无法直视自己如一根不松不紧的弹簧般活着。

不彻底的事物是美的，可以欣赏；但不彻底的状态是难熬的，因为它违背了人生来寻求意义的目的性。

　　　※

下面说说第二点，那个后天的"反弹"之力。

这也是我文章一以贯之的线索：人靠什么东西活下去？意志。

所谓意志，不是性格因素，比如强势、温吞、坚毅这种先天之物，它是一种后天的信念，是人一辈子努力想去抓住的东西。

有个残忍的成语：风烛残年。因为人真是一种非常悲剧的生物，每个人的生命都是黑暗之风中的一根蜡烛，不断式微的趋势是必然的，无法阻挡的。

一旦人开始意识到这趋势，就会开始害怕，这时候我们就分为了两拨人：

一拨人选择了接受（有些过早接受了，比如一些20多岁的年轻人），他们站到了"差不多得了"的那一头，早早放弃了拧成一股绳的气力，选择了一种轻松而又确实是顺应命理的方式。

另一拨人选择了抗拒，甚至是一辈子都在抗拒，这也是为什么很多中老年人依旧自诩为少年，黄昏创业。这不是玩笑，而是一种悲壮，他看到了这个趋势，又不想真的与之同归。

能做到第二种人那样的，太少。

但我想自己大概会一直抵抗，即便知道外界之力不可阻挡，身体、健康、认知都在衰退，但那个"差不多得了"的状态，我必须抵制它。

因为你一旦认了，就会从内心加速这个衰老寂灭的过程。

人活着，就是那一口气，那一团火。气散了，火灭了，我们用来作用于外物的一切力量也就没了。

精神头一旦从内部开始被腐蚀，就真的垮了，那个将你凝聚起来的东西，渐渐散开，无法聚拢了。

所以年龄越大，心智之根扎得越深，反而会对"意志"的合理性看得越明白，也愈加珍惜。

或许你要说，衰老和无为有那么可怕吗？

它不可怕，可怕的不是这个结局的最终来临，可悲的是这个结局来得太早。作为一个早熟的人，我一直深深害怕这一点：在不该"散"的年纪，就这么散掉了。

尤其新世纪来临，医疗技术日新月异，人的时间在被无限拉长，我们比任何时代的人都需要活下去的原因，以支撑自己漫长的寿命。

试想一下你退休的时候60岁，身体却健康地活到了90岁，剩下的30年如何活下去？做什么？那团支撑着你赚取经济财富的火已经熄灭，你去哪里寻找物质和精神的双重支撑？

人活着需要"特效药"，在这个时代更需要。

但那颗"特效药"不是神赐给你的，我们得自己去寻找它。

这也就是为什么我们要一直保持愤怒、一直嬉笑怒骂、一直不愿满足的原因。

因为那团火必须燃烧着。

甚至我们大半辈子在做的事情——情绪调节、识人见面，都在往这个东西上靠，去聚集一切力量，往心里添一把柴，让火不要灭。

※

这种倒着长的人，毕竟是少数。

因为你是那个在人流中逆行的人，所以你年纪越大，周围的"差不多得了"的声音一定是越强的，但为何却走得越来越坚定呢？

这本就是意志的另一重体现：控制你自己的意志，让它不涣散，不灭掉，撑着，凝聚着。

我想这世上并非只有我一个人能懂得这种感受，这也不是什么伟大的事情，只是人作为洪荒中一粒微尘的拼死努力，在看到更大世界、心生悲凉之后的一种后生之力——妥协迟早要来，衰老迟早要来，那不妨让它晚一些，再晚一些。

真正的斗志内生于自我

真正的斗志，源于对于自我清醒的认识，对热爱之物的寻得，对自己某方面能力的充分信任，只有拥有这种斗志才能在生活的浪头一次次盖过来之后还撑得住，继续坚持。

写在前面的故事

她在这座城市做着一份再平凡不过的工作，朝九晚五，偶尔加班。

公司的前台是她的全世界，桌上长年累月堆满了文件、门卡、笔纸等杂物，唯一常换常新的是一瓶花，那是她花99块钱在网上给自己订的。

她下班从不关电脑，总是把显示屏一合就走人，她怕关了电脑以后，第二天那些没做完的表格还要在各个文件夹里找，那是个巨大的迷宫。

她工资不高，却有满满一柜子衣服，虽然平时穿来穿去的只是那么几件。生活并没有给她其他舞台去演绎什么，但买更多衣服还是很重要的一件事。

实际上，买衣服比穿衣服更重要，买完衣服的瞬间又比挑衣服的时刻更重要。

她喜欢那种手里提着大大小小的袋子，从商场电梯里下来的感觉。她总感觉有什么东西正迎面朝她扑来，那是她一直在寻找又难以轻易得到的东西。那一瞬间，她能看见它。

商场的电梯一直通往地铁，当把大包小包塞到安检传送带里的时候，她瞥到墙壁上的一行广告：就这样活着吧。

从小她就对"活着"这种字眼就有着异于常人的敏感，这俩字里填满了火药：在她中学私藏的音乐磁带里，在她18岁坐在公交车发呆的幻想里，在她读过的小说里，在她睡梦之前暗自想像过的男生里，在她闻到的异域食物的芬芳里……这些细小颗粒总能拼合出一幅更大、更细腻、更热气腾腾的关于生活的图景，让她沉迷。

不过和大部分人一样，她做梦的时间总是很短，总是假设自己是某人，不是此时此刻的自己，但是她已经很久不做这种假设和幻想了。

买衣服成了她通往远方世界仅存的方式。

走在路上，袋子里装的不是衣服，而是满满的斗志。她拿出手机看着银行卡扣款信息和余额提醒，有一种痛痒痒的快感。

生活再一次重新开始，她浑身充满了不知从何而来的力量，办公桌上那一摞文件、电脑文件夹里那一堆一堆的表格、各部门团队旅行的烦琐安排、招聘网站几十个待处理的招聘文件……这些不再让她感到难以忍受，她又一次从沉重的淤泥里猛地跳了出来，奋力跑到这些东西前面，成了一个主动面对的人。

"态度决定一切，情绪改变生活。"她在朋友圈里激动地发出了这一句话，配上了宣传公司的照片。

打开袋子，她将这些衣服一一摊开在床上：咖啡色松软文艺的羊毛衫、高级的新潮阔腿裤、胸前绑带的性感紧身内搭、可爱无辜的粉色卫衣、高腰复古的雪花牛仔裤、羊皮带毛圈的优雅手套……每一件衣服都张开它们可爱的双臂拥抱着她。

在什么情境下穿什么样的衣服，会发生什么样的故事，这是女人天生爱做的想象游戏。

而越是规矩的女人，越爱这种虚幻的游戏。坏女孩裸上身也能走四方，她们不需要外物给自己加持。

对女人来说，买衣服这件事本身好像是一个仪式，仪式结束之后的事并不重要，所以她很快就将这些新衣服随便塞进了衣柜里，叠都没有叠。

第二天一早，她很轻松，前一夜大哭过后，心中积蓄已久的负能量化解了不少。

打开衣柜站了一会儿，她抽出最常穿的那件旧毛衣，双腿伸进已经洗出绒的弹力裤，踩进脏脏暖暖的雪地靴，舒舒服服地出了门。

而关在柜子里的那些新衣服，那些舒适区之外的生活，再次被她遗忘。

某些东西暂时化解了，又在悄悄聚合。但她总能找到某些方法将它们再次缓解，如此活下去。

故事外的絮叨

改变生活，大概是一切具备自我意识的人最常见的苦。

改变生活，需要方法，更需要力气，可惜我们一旦在生活的淤泥里陷得太久了，便会丧失进取心。

记得刚毕业的第一年，周末成天闲不住，四处参加一些莫名其妙的活动，虽目的不明，但总是怀揣着某些企图，想靠近一些氛围、感受一些力量，去奋力创造些什么。

现在工作久了，周末只愿把青春献给被窝，抱着外卖和猫咪度日。

激起自己的斗志变得越来越难，尤其是那些能够久存的、不灭的斗志。

不可否认，有一种斗志是速成的，它源于物欲。

由物欲唤起的斗志常常有股邪乎劲儿，异常汹涌，但很快就会归于平静，随即忘却。就像上面故事中的女孩一样。

由物欲唤起的斗志，常常是一种幻觉和自我安慰，虚妄而不真实。

真正的斗志，源于对于自我清醒的认识，对热爱之物的寻得，对自己某方面能力的充分信任，只有拥有这种斗志才能在生活的浪头一次次盖过来之后还撑得住，继续坚持。

它不是由外物激发出来的旁生之物，而是内生于你的东西。当你什么都不是，什么都没有的时候，你还想要什么，这个时候的斗志就是真实的。

而被物欲激发的人，其实和喝醉了差不多。比如一个常见的例子便是，人总在花了很多钱之后涌起一股要立刻努力工作、赚更多钱的想法。

但在如今螺丝钉般的工作机制下，你再努力工作，改变的只是一种态度、一种热情、一种劲头，它和你产生出工作结果之间差距还很大，而涨薪升职这件事由太多因素决定，需要长时间才能抵达，绝非由短暂的一股热情可以达到的。

而你若要改变命运，依靠这种花钱之后的劲儿更是不可能。

所以买了东西，就觉得要努力工作赚钱，这种想法常常不切实际，只是我们安慰自己的一种方式罢了。

当然，其实很多时候我购物的原因就像故事里的女孩一样，只是为了缓解压力。隔一段时间就要买买买，但对商品的消费并不是最重要的，那种疯狂之后的消耗感才是最重要的，它让我们暂时平静。

就好像我们现在再也无法在田野中奔跑，但去健身房里大汗淋漓一场也是可以的吧。

人，不是动物，人有神性，所以很难安住。我们的最大分裂就是肉身在此，心在别处。

这无法控制，那些关于生活的想象，那些未曾实现的可能，那些走了一半就返回的路途，那些生长在钢筋水泥以外的东西，那些无法放弃物质去充分追逐却又时常来诱惑你的种种。

就像漂浮在空气中的丝丝猫毛，隔一段时间就会凝结纠缠成一团奇怪的毛团，卡在你的喉咙里，要定期清理。

个人、物欲、城市、商业，就这样互相纠缠。所谓商业社会，其实和我们的生活息息相关，建构在每个人的精神状态之上。

关于写作的絮叨

就像《以前活在道理中，后来去了故事里》这篇文章中写的一样，我最近一直在读小说，也决心用更故事化的手法来传达某些意旨。

从道理到故事，这或许算得上是一种成熟，而这种成熟，是我自己控制不了的，它就是自然地发生了。

单纯写道理总是容易，只需盯着一个概念去往下自圆其说就好了。但当自己越在文字和生活两个世界之间往返时，我发现写道理这条路已经走不通了。

文字需要迭代，如果停止探索，任何一种创作都是走不下去的。

但文字的迭代一定是写作者对于生活认识的迭代，如果你对于生活、人性的看法不能再往深多走一层，文字便只能永远停留在说道理、讲逻辑的幼稚层面。

从道理到故事的转变，变的是对世界认识的改变，从纯粹变成了复杂。

写道理时，我必须依赖纯粹，一篇文章必须紧紧围绕某个绝对前提。但写故事的时候，纯粹是最不可取的，它和生活背道而驰。

现在的我并不喜欢纯粹：纯粹善良的人、纯粹勇敢的人、纯粹不为五斗米折腰的人……纯粹意味着乌托邦，意味着绝对，和极权之物的本质同源，是最不符合人性的残忍。

相反，我迷恋一切复杂和含混。看似单纯的人却有着捉摸不透的复杂，平日油滑之人却有着克制的真诚，像孩子一样叫嚣着真善美的男人却在权威面前卑躬屈膝，努力维持着稳重体面之人不小心露出媚俗的丑陋……这些都让我很着迷，最值得玩味的地方不就在此吗。

这些可爱、可恨、可怜，让人想拥抱的人，就是我们自己，就是生命本身，为何不宽怀以待。

就像张爱玲写过，她不喜欢壮烈，不喜欢悲剧，她喜欢的是苍凉。壮烈只有力，没有美，缺少人性。悲剧则如大红大绿的配色，是一种强烈的对照，它的刺激性还是大于启发性。苍凉之所以有更深长的回味，就因为它像葱绿配桃红，是一种参差的对照，是一种启示。

复杂和含混，就是苍凉，就是存在的本质。

比起宏大的黑白分明，我更希望进入那些细小含混之物，小中见大，平凡即不平凡。

2017年，最大收获大概便是探索到这一层，希望你还会喜欢我未来的文字。

如何判断你的选择是逃避，
还是出于明确的意志

人只有介入生活深处，才会对自我和目标产生感知。

这两天翻汉娜·阿伦特的《过去与未来之间》，看到这么一段话，让我印象深刻。

"'生活的科学'在于知道如何分得清，哪些属于一个人对之没有权能的异己世界，哪些属于他愿意以他认为合适的方式加以处置的自我。"

简单说，就是你要看得清哪些东西是你注定很难撼动的，哪些是你可以作为的。

我想这是长时间困扰我们的一个问题——人选择的界限，在哪里？

比如，当你离职时总会有声音质问你，或是你质问你自己：你是在逃避问题，还是真的在做一个更明智的选择？

但凡一个稍微自省的人都会害怕，害怕自己是在循环逃避，而不是内心笃定做出的选择。

很长时间里我一直活在这种隐忧之中，它的产生源于三个方面：对自身力量的不确信；对自己目标的不确信；对既定环境的判断力很弱。

这是每个人必须要穿越的迷雾森林。

　　　　※

　　不过，只要你意识到了这个困境，就会本能地去解开它。

　　解开的方式有两种：

　　第一种是最基本的。要不断进步，这种进步很可能是盲目的、没有方向的，但你得扑腾，深深地介入生活中。

　　人只有介入生活深处，才会对自我和目标产生感知。就像你只有全身浸没在水中，才能感受到每一次呼吸的阻力，每一次抬腿、抬胳膊所要耗费的能量。每一次动作给你的反馈会逐渐形成"我要去哪里""我力量到底有多大"的线索。

　　因为人是会吸收、反馈、调整的生物，所以我们要不断与外界碰撞，形成源源不断的判断流。

　　介入生活深处，是一种什么程度呢？很难讲，但可以反过来推，与深度介入相反的是逃避，这种逃避不仅仅是与世无争，很多时候埋头苦干也是一种逃避。

　　我就做好我这摊子事儿就行了，其他的不管不问，这看似很踏实，其实也是一种浅层的介入，因为你如果活在一种绝对纯粹中，就没有比对的样本了。

　　所谓深入介入，也可以理解为斜杠或者跨界，不一定是做多份工作，而是要出入不同的境遇，沉进去，跳出来，沉进去，跳出来，开放拥抱多样化，去探索不同的领域。在不同的角色、位置上刷新认知，有了差异性，你才会有判断。（是走心地参与，不是随便参加个活动就算参与了）

　　因为判断是建立在对比之上的。一旦过度保护自己，经历单一，样本就少了，你就没法对比，判断力也就弱了。这就是我们在平常经常说的，人为什么要多见世面才不会偏执。世面，世面，或许便是世间面相的意思吧。

关于这一层的另一个问题是，没有方向的折腾有用吗？

当然有用，事物几乎都遵循着一个道理：从无序到有序，是渐渐落定下来的。

所有规律都不是刹那生出来的，它是由无数个毛躁紊乱的现象凝聚而成的，其中包括许多成功故事，它们的开端绝不是一开始就谋划好了的，而是由很多因素作用的结果，甚至全然是意料之外的。

但现在很多人常常过度追求完美，希望在执行之前一切都准备就绪了，有明确不可更改的导向了，这是不太可能的。

任何一件事，永远不是你规划得特别到位了，才开始做的，想一想生活里的那些日常：运动时，你是先找准身体对应的每一块肌肉，然后细致入微地有意识训练它们吗？

不是，你是先跑步、游泳、练瑜伽，没有找到什么具有针对性的方法你也硬着头皮上。这时你并没有太多感知力，只是习惯性地运动着，等到了一定程度后，你才发现原来身体每一个区域的敏感度是不一样的，原来任何一个部位都布满着细小肌群，你竟然可以调动它们，这才慢慢有意识地锻炼每一个区域。

写作的时候，你是先摸清楚了自己最擅长写什么，或者读者最喜欢哪类文章，才开始动笔吗？

不是，一开始你就是写，什么都写，甚至模仿，慢慢才写出了自己的路子，才能去迎合市场（迎合市场没那么容易，市场化很棒的作品都是精心策划的，功底不浅。你得先写一段时间，才能搞清楚那个市场是什么，你偏了多少，如何调动才能戳中读者，此刻你才是俯视的，可操控、可调配自己力量的，不然你只是被外物驱使）。

从粗糙渐入精致，这才是正确的逻辑。万事万物都有一个过程，前面

那段浑浑噩噩、闷头挣扎的阶段，是任何人都逃不掉的。

但人与人的差别就在于，谁能尽快从这个混沌阶段里爬出来，谁脑子先开悟了，生出了明确性——对自我的明确、对目标的明确、对环境的判断，谁就可能先赢。

这就是第二种方式了。

第二种方式，就是当你的基本力量蓄积到一定程度，有足够能力形成对这三个问题（自身力量、自己的目标、既定环境如何）一定程度的回答时，那么当每一个具体选择来到你跟前时，你才会形成一套方法论。

对我自己而言，任何选择到跟前时，我会问自己两个问题：

第一，对我个人而言，值不值得？

第二，目前的环境，哪些是我能改变的，哪些是我改变不了的？

先说第一个问题——关于值不值得。

要衡量值不值得，前提是你已经有了一个既定参照物在那里了。比如我是谁？我目前的位置怎样？我的个人目标是什么？我还有多少时间成本？我能接受多少回报？我的既得利益和沉没成本有多高？

你必须对自己想要的东西有一定的明确性，才能衡量"值不值得"。

很多大道理，是放之四海皆准的，但一旦应用到你自己身上的时候，就不是最优选项了。所以我们始终要目的明确，带着你自己的生活目的，才不会被外物带跑。

古人说，"汝之蜜糖，彼之砒霜"，就是这个道理——凡事一定要放到具体环境下考量，才是有意义的。

有些事情，别人愿意做，是因为对他来说值得，但对你来说是否值得，这需要考量你自身的因素，所以不要钻牛角尖，最后把自己搞得头破血流。

这就回到了前面第一层，要通过大量的阅历，形成自我的感知判断，这样在后面遇到每一个具体选择时，才会有值不值得的"解"。

下面是第二个问题——你是否看得清楚目前身处的环境？

回到文章开头，汉娜·阿伦特的那句话："'生活的科学'在于知道如何分得清，哪些属于一个人对之没有权能的异己世界，哪些属于他愿意以他认为合适的方式加以处置的自我。"

这句话是非常充满智慧的，暗含了一种意思：当你看不清什么是你能撼动的，什么是你不能撼动的时候，很有可能你就是在浪费时间。

人在什么情况下会死磕？当他看不清自己和环境的关系的时候。

人是时间有限的动物，所以对待任何事情，我们一生都在寻求影响最大化，收益最大化，投入产出最明智的搭配，费尽心机只求在一辈子的有限时间里绚烂一把。

而环境是无限的，它会按照自己的节奏慢慢发展，它庞大的身躯中裹挟着很多人的努力和青春，它是无情的，它有它自己的目标，它不会去迎合你，也不会主动提醒你。

所以，我们要主动寻求最能匹配自己、促进自己、成就自己的环境。

要不断问自己一个问题：它是否适合我？是否促进我的个人成长？是否与我的个人目标一致？

这不是私心，而是人之所以为人的一种体现——人是有主观能动性的，否则你只能随着环境转，它跟你的个人发展有无关系，你浑然不知，也毫不在意，就此一生。

我在《比放弃更可怕的，是过度坚持》这篇文章中写过，人生并不是直线性的通关题，你必须打倒这个怪兽，才有权进入下一个阶段。人生是选择题，你可以跳着走，斜着走，横着走，甚至倒着走，怎么都可以，只要你跳出来看到了环境和形势，你就能操控自己，哪怕暂时的隐忍都是快乐的，因为你心中有一个更大的愿景。

人是自己的主人，但既然你活在这个不以个人意志为转移的世界中，又能怎么办呢？

既然来都来了，那就尽量吧。尽量费心，尽量搏一把，尽量争取一下，尽量为自己活一次。

杀不死你的，必使你强大

从脆弱到强韧，中间有一个惨痛过程，叫作"不断脆弱"——你必须不断站起来，倒下去，站起来，倒下去……肉身从不同角度接受着外力的侵蚀。 这是每个个体存活于群体世界中不可避免的一环。

　　　　　※

毕业那年，我偶然读到一本书，这本书叫作《反脆弱》。

我曾多次把这本书推荐给别人，书里讲了什么自己现在也记不太清了。印象里，作者围绕着"反脆弱"反复论证着，但那时我对论证过程并不在意。

人读书，很多时候不是为了完成任务，只是为了找到你当下最需要的东西。就像吃饭、睡觉，某个时刻你迫切要什么，身体和心灵就会去找寻。

那年夏天，我没有像其他人一样做老师、做编辑、做公务员，既不想回老家待着，又不知道该做什么，涣散又着急。

坐在闷热的公交车上，膝盖搁着那本书，晃晃荡荡，一种关于生活的全新理念渐渐生了出来：涣散是常态，但人也有反脆弱的机制，我们是充满弹性的。

道理若无法被内化，永远只是外人一句话。对我来说，那本书是一个契机，让"反脆弱"在我的心里生根发芽，成了一个不断自生长的信念，直到现在。

※

从脆弱到强韧，中间有一个惨痛过程，叫作"不断脆弱"——你必须不断站起来，倒下去，站起来，倒下去……肉身从不同角度接受着外力的侵蚀。这是每个个体存活于群体世界中不可避免的一环。

谁都想抱紧自己，不露怯、不丢脸，不被风吹雨打，保持最舒服的模样，并美其名曰：自我。

但大部分时刻，这种自我只是一种软弱的逃避。

因为这种"原生的自我"是一座孤岛，只存在于你的内在世界，外部无法通过任何渠道触达，它接受不到营养和讯息，处于诚惶诚恐的真空之中。

它可以作为美好的念想，供你深夜独自咀嚼，却无法帮你在现实世界中活得更好。事实上，如果我们过度寄希望于这个"原生的自我"，只会被客观世界压得越来越痛苦，怨气丛生。

而那个"不断脆弱"的惨痛过程，就是帮你重建一个"后天的自我"。把自己抛到生活的油锅里，里里外外、前前后后地煎炸，生出一个坚韧的壳，在这个充满挤压的世界中得到一隙空间。

人生在世，没人给你趟路，全是自己赤手空拳打出来的。

※

虽然很多时候我们都害怕挫折、动荡和竞争，不愿处于惊慌失措之中。但是我们也知道，世界的改变从不以你的意志为转移。飓风来的时候，核心力量决定你能否渡过难关。既然造物主给了人类自我修复的能力，我们就要利用脆弱，让自己皮糙肉厚起来。

所以，人要反本能。反本能是痛苦的，我给自己一句建议：

活着，就别拘着，放肆使用自己。

尼采说过一句话：对待生命，不妨大胆一些，因为我们终究要失去它。

这里面有一种物尽其用的洒脱：来都来了，为何不放肆使用自己。

所谓"使用"，就是前面说的那个过程——充分与这个世界"肌肤相亲"，接受侵蚀磨合，脆弱也好，挣扎也罢。扎进去，在有限的生命中获得最烈的浓度，恨不得在一辈子里装进好几辈子的喜怒哀乐，凝成一颗煎炸蒸煮的铜豌豆。

如同我曾经写过的一篇文章《一切悬而未决，只因为你还处于过程之中》，人像一趟有始有终的列车，一节节隧道进进出出，明明暗暗，每一段过程中都有黯淡和苦痛，但不经历，你永远感受不到那个意料之外的惊喜。

活着的最大快乐就在于此——那个意料之外。

之所以叫"意料之外"，因为它无法被预测。它是"投入"的产物，是你疯魔扎进去，不管不顾为之努力后才从命运手中抢到的那个一丁点儿美好。

命运站在你身后，悄悄往你手里塞了那么一丁点儿礼物，却是人这种渺小生物活在无序世界中的最大美好。

爱情、财富、体悟、机会……莫不如此，那个撞开一切秩序的动心之物，那个拨开你重重迷雾的瞬间，那个让人后知后觉泪流满面的刹那，哪个是你事先计划好了的?

全是你之前头也不回,只管倾情投入的结果。

不要想太多,去使用自己,去尝试更多可能,唯有体验才能形成心中的地图,慢慢找到所谓的"诀窍"。

体味每一次折磨的味道,从中尝到甘甜。

人和动物的最大差别在于人有反思性。我们活着不靠应激性,而是依靠记忆、总结和调整。我们能够辨别出良药苦口、忠言逆耳,能够苦中作乐,能有高远的视野。

能超越自己的本能,这是我们身体中神性的一面。

对待脆弱和煎熬也一样,不去逃避它,而是去直面它,战胜它,品味它。

如果你热爱运动,便能体会到反脆弱带来的酸楚快感。运动的本质,其实是人对涣散本能的抵抗,你要不断绷紧自己,抵抗每一寸肌群的懒散,一次次冲往上一秒达不到的强度,一寸寸扩张自己的舒适区,那种炸裂般的自我蜕变,是最美妙的。

流汗后的愉悦感是难以描述的,你完全忘记了之前的懒散拖延,而是无比感激曾经把自己狠狠推了出去。

挫折和脆弱未尝不是如此。事后回忆时,你总会获得一种力量:再来一次我肯定能做得更好,同时又伴随一种隐隐的快感——你觉察自己被开发出了一处新领域,那个之前你死死藏着的、不愿暴露出来的柔嫩无比的肌肤,被迫厚实了一寸。

在软弱的人那里,挫败是可耻可惧的;在自控力强的人那里,他们逼自己爱上挫败,并且不断去品味它。

相信人的意志力。

意志，是我最喜欢的一个词。

我一直有一个看似唯心的观点：这个世界，除去血肉，只剩下意志，是意志撑起了万千世界的上层建筑。

放到个体上，一个人最可怕的不是他的既定能力，而是其意志力——那种瞄准目标便不顾一切去做，不达目的不罢休的劲头；那种怎么都打不死，源源不断地吸收，永远也吃不饱的状态；那种受挫之后依旧笑嘻嘻对你说"那我再学习学习"，并以此为乐的坚强；失败了、丢脸了也能很快爬起来，暂时的困窘、羞愧、露怯都无法动摇他要继续的决心。

这种人我觉得最可怕，因为他只缺时间。

意志力决定了一个人的加速度，加速度比你快，要超过你，只是时间问题。

　　　　※

我为什么要一次次剖析人活着的力量来源？ 因为对于人来说，世界是一团解不开的毛球——只有想清楚了，过了自己这一关，才能放手去干。

这便是我们疗愈自己的办法，把合理性理清，才能加满油，继续上路。

现在虽然已经回不到"开天辟地"的时代，但原始力量却不能失掉。

这篇鸡血文章送给你，*May the force be with you*（愿力量与你同在）。

不历经挣扎，怎么能看见自己

真的不必把所谓的"发现自我"看得那么重。什么都没有时，就别去想"找到自我"，尽管去做，做那些让你感兴趣的事，让你野心勃勃的事，让你一头发热的事，让你难以克制的事。

常有读者在我的微信公众号后台留言说：找不到自我，不知道自己适合什么、喜欢什么。

对此，我并没有更好的办法，只能回复：多实践。

我很不喜欢"教人怎么活"这种东西。写作，只是为了说服我自己，把一些道理想明白，如此去做的时候，至少能心安理得，活得坦然。

这篇文章也一样。

　　※

我们一直在拼命找寻的"自己"，到底是个什么东西？它好像是一块待人发现的美玉，人只需在黑暗中靠近它就好。

其实不是的。

自己，永远在下一刻。

山本耀司说："自己"这个东西是看不见的，撞上一些别的什么，反弹回来，才会了解"自己"。

它是一个流动体，只存在于一个人的改变之中。

我们只有在行进中，不断与生活发生撞击，才可能看到它的身影；而它本身，又伴随着这些撞击一次次变化着，反过来影响着我们行进的脚步。

所谓的发现自我，就是这样一个永恒变动的辩证过程。

所以当生活一成不变时，我们总感觉找不到自己，空空如也。

　　※

但是，每个人确实又有一个属于自己的核心风格。

或许它不足以使你成为名家，拥有最赚钱的工具，爬到最高的社会地位，但这个风格，足够让你爱上自己。当我们在疲惫生活中返回自己身体时，能获得最充分的价值感，觉得活在这个世界上还是有意义的。

周末的清晨、加班的夜晚回家，躺在床上，我也会陷入一种静默的情绪之中：如此活着，是为了什么？为谁在创造价值，这些价值是你想要的吗，它们与你的生活有何关系？倘若不这样活着，又能怎样去活，你还有其他选择吗？

生活总有不满意的地方，却也明白不存在一劳永逸的、纯粹的理想活法。

那该怎么办呢？

我能想到的，便是将生活和精力分成多块，对每一块都赋予它们各自的目的：

比如工作，它的首要目的便是支撑房租、水电、吃喝拉撒的大头支出，让自己先活下去。但又不能只是为了钱而工作，毕竟是每天8小时要干的事儿，还得与自己的内在志趣有关联。

比如兼职，它的首要目的，是让生活有更多的选择，能存钱，能想去哪儿玩，立刻就能订机票、酒店，让日子有更多余地。同时它要让我快乐，和有意思的小伙伴一起做与自己志趣相关的事。

比如写作，它只是为了成就自我，我所有努力都是为了它。本能地笃定，如果不去写属于自己的东西，就一定会失去自己最大的潜力。所以只要一有时间，我肯定哪儿都不去，只是看书、思考、行走、写作，调动一切可以调动的资源，刺激自己的感官，写出更好的东西。

再比如运动、学习等等，都是一样的。

但凡占据生活大块时间的内容，我都会对它们做出区分，赋予不同的目的。并且，这些模块之间必须要有共性，要围绕着你的主要技能和资源领域进行，才有可能在未来爆发出集中性的大量。

这便是我在解决关于自我的"动态浮现"和"稳定的核"两者关系的一个办法。

　　※

总的来说，想要"自我"浮现，最好的办法就是折腾。

这种折腾，一是与外界撞击；二是不断去反思，去审视那些产生作用力的地方，并努力去调整。

在26岁的某一天，我忽然想：要不要再试试写公众号？（之前开始过好几次，都失败了）

就这样一个偶然的念想，然后就是闷头开始写，写啊写，写得好，写得坏，每天下了班回家这么发着。

早期的文章，现已不忍卒读。而当初写东西，也从不是为了什么"找到自我"，只是想在与工作之外找到一个立身于世界的理由。

如此一个自私的缘由，却改变了我的世界观和心性，慢慢渗透到了工作转变和实际事务上。

很多时候，找到自我并不是一个目的，只是个附带的结果。

人生总有弯路，但只要控制在一定程度，弯路就是最好的助推器。

大部分人做成某一件事，都始于盲目，哪怕是错误的，最后也能意外地得到大量关于自我的反馈，从而渐渐与自我同步。

因此，我常对自己说：先去做。做了，就会有线索和依据，在没做之前，一定是什么都没有。

真的不必把所谓的"发现自我"看得那么重。什么都没有时，就别去想"找到自我"，尽管去做，做那些让你感兴趣的事，让你野心勃勃的事，让你一头发热的事，让你难以克制的事。

把心底的欲望、热切、寄托统统释放出来，作用到具体事务上，无论是赚钱、留学、搞研究、做买卖、谈恋爱，还是其他事情。要充分与这个粗糙的世界接触、摩擦。

不入世，是很难出世的。

柴米油盐酱醋茶之后，才是反思。

当撞到什么东西上，又反弹回来的时候，要有敏锐的感知力。一个感受性强的人，撞过一次，就能有所调整。甚至不用自己撞，看到别人撞，也能有所感知。但一个感受性弱的人，撞个十几二十次，很可能还是一成不变。

此外就是关联性，在自我与外部不断碰撞之处，想一想这些地方有没有关联性。

关联性，是找到自我的一个很重要的觉知。我们只能在紊乱的信息中，找到一些隐含的关联性，才能勾勒出自己的轮廓。

在那些让自己舒服，操作起来顺畅，有可能改变整个生活面貌的地方，思考下有没有可能形成关联，再进行有意识的刻意训练。

很多时候，有些东西我明知它的直接成果是有限的，却依旧会去做，即便要忍受漫长的紊乱和枯燥。因为我明白：与外界碰撞这件事本身有时候比结果更重要，因为它会带来一种全新的体验——这些感受性和经验能折射到自我，让自己在未来过得更加精准，写出更好的东西，这就够了。

每一天，都在和即将尘埃落定的生活赛跑

力量在于，你还是有可能赢的，只要能看透这一切，只有自己不断往前跑，跑到底，超过外界巨大的向心力，女人才有可能逃开年纪和舆论的压力，活出自己的一番天地。

前几天，我做了一个梦。梦中，我赤脚狂奔，四周是呼呼落下的石块，世界在坍塌。

梦里的自己没有意识，只知道要跑，在哪里跑，要跑去哪里，并不知道。

醒来，一身汗，心还在扑通扑通地跳。

梦，是一个很有意思的东西，比我们清醒时的意识更加精准。

※

过几天，我就28岁了。

从小到大我不怎么过生日，但对于时间，我却一直放不下，总在担心"来不及"这三个字。

来不及什么呢？

来不及准备某个考试，来不及做好某个工作，来不及交出某篇约稿，来不及实现自己的想法，来不及抵达某种生活目标……

我是一个心思很重的人，比同龄人早熟，容易焦虑，总要花更长时间来为一件事做准备，对一些细枝末节如临大敌，总有一团氤氲紧张的气息弥漫在自己周围，难以放松。

长大后经验多了，在一些事情上有了余地，学会了调节和保护自己。

但那个"来不及"，却渐渐变成了一个更大、更沉重的主题：怕来不及跑出即将尘埃落定的生活。

人跟生活的关系很抽象，我们用理智去思考，会看得更清楚一些：

人是单一的、新鲜的，而生活则是庞大的、不断积累的，是不以我们的意志为转移的。

人出生，就"扑通"一声掉进了这么一个不断变动的嘈杂场所里。如果你没有一个核，不能自驱着往前跑，就会被风吹散，被生活吞噬。

吞噬意味着什么呢？

当然不是死掉，而是落入某种不情愿，又无力反抗的伦常里。

※

这种伦常，包含的东西很多，比如为了生存去做一些你觉得没有意义的事情，还要强迫自己在其中发现意义；比如遵循一些并不相信却必须遵循的规则：不要远离家乡，不要冒险，女人30岁之前一定要结婚……

生活里充满了太多不以我们个人意志为转移的东西，它们从四周侵蚀你，让你臣服于它。

不得不说，并非每个人都能意识到这种"伦常"，大部分人只是随着大流往前走、习惯着、活着。

但你一旦明白过来，就会很快陷入焦虑之中。

人只要生出了自我意识，就会发现你的压力是无处不在的。

小时候，我在一本书上看到贝多芬的一句话：我要扼住命运的咽喉，它将无法使我完全屈服。

那时候我觉得好奇怪啊，命运是个什么东西？怎么会有咽喉呢？难不成是个很有力气的强壮家伙？

20岁之后，我渐渐看到了这个家伙，并一直对抗至今。

※

从小父母教导我的，是不要跟生活对抗，要做它允许范围之内的事，不然你会很惨。

我们家不是富人家庭，没有资本让我去冒险和追求太多的精神生活，所以上一辈人总觉得最保守的就是最好的。

但从填志愿、选学校、找工作、换工作、是否回家乡、婚姻爱情等等方面来看，他们的建议都被我一一拒绝了。

我不是故意叛逆，自己一直很懂事，但唯独在"怎么活"这件事情上，出奇地倔强。

就这样，我总是发自本能地忤逆他们，侥幸逃过生活里的一关又一关，越走越远。

随着年纪的增长，一开始的热血沸腾过去之后，两三年的光景也过去了，自己还在一个人走着，跟跟跄跄，成果稀薄。

有时看到了亮光，觉得生活的转机即将出现，有时又感觉正走在一条深不见底的幽暗之路上。

这种忐忑感出现之后，我忽然明白了一个东西：年纪。

原来，那扇门并不是一直为我开着的，它有期限。人可以最大程度改变命运的筹码，是时间（年轻）。

我说的年轻，不是十七八岁的健康身体，而是一段精力最充沛的时光。在这段时光里，你发现了自己最大的可能、最有才华的部分，并努力实现了它们。

张爱玲说，出名要趁早，这句话不无道理。每一个与生活闹掰出走的人，都能明白这句话有多灼热。

时间是一把悬在我们头上的刀。

后来我不再那么浑身虎胆，反而害怕了：害怕走在一条违逆自己潜力的路上，害怕把时间花在了不值得的事情上，害怕肚子里的墨水不够多，无法支撑自己的期望……

因为我知道，过了某段时间，如果还没有找到自己，或者一直处于一种半蒙昧半清醒的状态，希望只会越来越小。

尤其是女人。到那时，你将面对尘埃落定的安排。

　　※
有一部很火的日剧叫作《东京女子图鉴》。

这部电视剧其实挺普通的，讲述了一个从乡村进入东京的女人，在偌大的城市起起伏伏，一个人渐渐老去的故事。

它之所以会蹿红，是因为它太真实了，几乎呈现了一个女人在大城市里会经历的所有可能和诱惑，从一开始的自恋、野心、迷失、妥协，到渐渐清醒的全部过程。

没有国内都市女性剧的做作虚伪，《东京女子图鉴》就是给你看一个出身普通的女人，一个不愿意屈从生活的普通女人，是怎样活着的。

我想，独自生活在大城市中的倔强女性，都能懂这部剧的残酷和力量。

对，残酷和力量。

残酷在于，生活在不断地往下落，身为女人，年纪越大，你会觉得空间越来越小，很多东西是在压向你，而不是在迎合你。

力量在于，你还是有可能赢的，只要能看透这一切，只有自己不断往前跑，跑到底，超过外界巨大的向心力，女人才有可能逃开年纪和舆论的压力，活出自己的一番天地。

25岁之前，我们占尽先机，只要相貌不差、学历不低，世界几乎任你挑选，一手牌怎么打都不会太差。你要做的，是聪明地选择，而不是自己费力气。

但这恰恰是世界给女人的陷阱，它让我们的生活看起来很容易，却千篇一律，有名无实。

对于一个不愿落入伦常的女人来说，"花期"（这个词是社会给的，本不存在）反而是个累赘，因为她选择了自己费力气去搬运砖块，去亲力亲为地建筑生命。

既然不搭乘直行梯，那就快速奔跑吧！只有跑得比外界更快，你才不会被它裹挟，才有可能闯出一个新的天地。

有人说：到了这个年纪，即使给你自由，你也跑不了了。

希望每一个前行者都不再被这句话左右，认定自己想要去的地方，跑得更快一些。

最害怕，不经意间巅峰状态已过

世界在飞快稀释，而价值只藏于浓度之中

别迷恋沧桑，不然真的会丧失力量

听说你到结了许久，还是选择在原地

依靠架势而活，我们能走多远？

慢下来，去发现重复的价值

那时候，我们看山只是山，看水只是水

爱做梦的人，才能理解夏天的美

文字记录的一些日常之情

第二章

慢下来，去发现重复的价值

最害怕，不经意间巅峰状态已过

那种原始驱动力，正是我们最害怕失去的——那个内心的孩子、躯体里"突突突"的欲望马达、那个"我就要这个，别的都不要"的疯狂。

※

上学时我关注过一位女作家，叫陈染。

陈染算得上20世纪90年代"女性写作"的巅峰人物，但在某段时间，她忽然沉寂下来了，直至完全消失。

我试图从外部环境去解释这个问题，未果；因为和她同时期的女作家都完成了转型，有些至今依旧活跃。

于是我只能选择另一条路，从她的内心世界去探寻一些踪迹。

顺着她创作的时间，我读完了其所有作品，发现了一个可怕的事实：她的息笔，是必然的。

她过快地消耗掉了自己的巅峰状态，甚至是在自己不经意（无法控制）的情况下消耗的。

支撑陈染创作的灵魂不是长情，而是激情——不甘、不妥协、不规则，甚至略微戾气的东西。

而这种激情是无法被管理的，无法提前预存一些到未来再使用。

——来了，就要以最浓烈的状态喷涌出来。

——过了，就是过了。

　　※

前几天我看了一篇文章，大概讲庆山（安妮宝贝）近年来的创作越来越清淡晦涩了。

很难想象，写出《月童度河》的人，竟是从前那个心绪浓烈、阴郁逼仄的安妮宝贝。

很明显，现在的她已不再是过去那个她了，再也回不去了。

但现实的是，若没有巅峰时期的安妮宝贝，如今的庆山或许根本不会有机会出版那些"寡淡"之物。

所以张爱玲说，出名要趁早，还是很有道理的。

这句话或许不止表面意思，还有一层更深的苍凉：你永远不知道自己什么时候会失去力量。

身在巅峰时，你自己都意识不到，只有当那个东西渐渐从你身体里撤走时，才明白：哦，那个支撑着你的生命意志，已经渐渐远去了。

这从来都不只是作家的困苦，而是所有人的：最恐惧的是勇气的日渐熄灭，是生命状态的不可逆。

　　※

所以，正如"出名要趁早"一样，人最好尽早积累一些东西，无论是是在经济上还是在名声上，因为巅峰过后，它们至少能支撑你往前走一段。

但又能走多远呢？

并不知道。

世界上很多事情一旦抵达速度和力度的巅峰，剩下只是在做惯性运动，不再具备原始驱动力。

那种原始驱动力，正是我们最害怕失去的——那个内心的孩子、躯体里"突突突"的欲望马达、那个"我就要这个，别的都不要"的疯狂。

所以我们终身都无法摆脱焦虑，总是拼命来回品咂自己：我到哪儿了？是否走在一条上坡路上？和过去比是进步了还是落后了？我还有没有机会？还能不能再来一把？

每当人开始失去力量、好奇心，甚至不再愤怒的时候，便不忍怀念过去——"那时候真是勇敢到无法无天啊！"，更不免担忧未来——"未来还会有更深刻的体验在等着我吗？"

如庄雅婷写的：唯愿生活中还有热血。

我们整天给自己打鸡血，接触不同的人和事，了解更大世界……所有一切的一切，不过只是为了给心里那个幽暗的火苗添一把柴：别灭，别灭，千万别灭了啊。

对于那些以梦想为生的人来说，生之意志就是一切。

只要那个火苗还在，那个状态还在，那个自信还在，一切就还有可能。

※

如何维持这团火一辈子都熊熊燃烧呢？

对大部分人来说，是不太可能的。

因为成熟意味着理智，理智就是庖丁解牛而不再郁结。人一旦失去郁结，就不再浑身是劲儿，就彻底瓦解了。

所以答案可能让你难以置信——放缓"成熟"的速度。

在这个"模式""规律""情商""聪明"满天飞的时代，或许你应该稍加抵抗一下，至少别太快被筛透。

人和外部时间的关系，说到底是可悲的，如沙和风，如石和水——沙堆迟早会被风腐蚀殆尽，石子迟早会被水流磨圆，只是时间问题。

我们都清楚生活庞大的外力，所以为了避免痛苦，会选择顺从和适应。倘若是一个麻木的人，倒无所谓，因为他们只求活得更顺遂一些；但若一个有知觉的人，在所谓成熟之后，却掉进了另一重更深的失落——丢掉了那个最坚硬的意志力。

《奇葩说》里高晓松说：我们早晚会被生活打败，只是看下半场你能坚持到什么时候。所以，当你有能力的时候，一定要狠踹生活。

这句话大概就是这个意思——先尽全力死守住你的那个"核"，别太早放下郁结。尽管郁结是痛的，是扎人的，但别怕疼，别缩回去，别太快"豁达"起来，再撑一段时间，或许会走出另一条属于你的路。

宇宙间的得失原理是公平的，你要的东西越多，赌注就越大——既想小心翼翼，又想获得超凡的成就，这是不可能的。

一开始就拒绝了受到伤害的可能，也就等于放弃了翻盘的机会。

任何事情都是两面性的，在制胜的关键环节上，人得赌一把。

你妥协了，心中的火可能就真的熄灭了。如果不学聪明，不学乖，不服从，或许还能在未来迎接一次更深刻、更辉煌的巅峰。

起码，你可以晚一些被生活所打败。

世界在飞快稀释，而价值只藏于浓度之中

所谓内心丰富，就是人格中的凝聚力——那种把所有涣散、易于被外物裹挟的软弱统摄起来的凝聚力，那个高浓度的〝核〞。

　　最近在做一个知识付费的项目，时常有一种惑触：这个世界稀释的速度可真快啊。

　　每时每刻，每个行业都在不断被结构化、被批量化，被稀释——商业如此，艺术品如此，文学作品如此，连知识也终于如此。

　　其实这种感受并不新鲜，早在工业化伊始，本雅明就曾在《机械复制时代的艺术品》中提出"灵晕"的消失这一观点。

　　所谓灵晕，可以理解为一种与人的"本真性"息息相关的东西，它赋予了事物浓郁的灵魂，而与之对立的，则是大批量可复制带来的稀释。

　　但作为一个固执得有些"过气"的人，我始终乐观地认为：世界在飞快稀释，而价值却始终只藏于浓度之中。

　　※

　　早两年微信公众号崛起，冒出了一批微信公众"大号"，所有人拍手欢呼：自媒体时代终于到来了！新的时代！

甚嚣尘上之后我们才发现，公众号做得好的那一批人，大多都是传统媒体出身（或者在传统内容行业熬了多年的无名者）。

人还是那些人，功夫依旧是功夫，只是新的舞台让以前被埋没的人更快地出来了。所以现在的自媒体招聘上大多都写着：招新媒体内容主编，有传统媒体工作经验的优先考虑。

价值从未改变过，人们对价值的挑剔也从未改变，东西好就是好，功夫深就是深，形式改变不了内容的标准。

现在的微信公众号也早已跟当初不一样了，不具备创作内容能力的自媒体渐渐隐去了，还想照搬那一套四处搜集美文，再刷流量刷出大号的粗放模式，几乎已不再可能。

一般规律大概都是这样：在一个事物的初始阶段，粗放是可行的，但到了成熟阶段，就是浓度之间的较量了。

不然为何我们如今会再次怀念起"匠心"呢？

匠心，是最有浓度的，它是反稀释、反批量化生产的极端体现。

还记得20世纪90年代工业之风刚刚吹入时，人们的惊叹与狂喜吗？BB机、喇叭裤、随身听、大哥大、台式电脑、绿屏手机……恨不得一头扎进漫漫统一性的标签之中。

20多年之后，在对物化的倦怠之中，"极简"两字悄然盛行。

极简跟匠心其实是同一个核心——浓度。

从来没有一个时代像如今这般推崇手工业者的价值；从来没有一个时代像如今这般考验制作者的功底，一分之差便能决定用户对你的态度；从来没有一个时代对内容要求如此苛刻，永远别把读者当作傻子，你用没用心他们一眼便知。

但这种浓度与其说是功夫，不如说已渐渐成一种人格特质：那种垂直化的、充满浓郁风格的魅力。

※

王朔在《致与女儿书》中写道：你必须内心丰富，才能抵抗生活表面的相似。

"表面的相似"就是被世道稀释的结果——品牌的相似、衣着的相似、面容的相似、衣食住行的相似，连种种"特立独行"也变得相似（比如运动健身、极限运动、背包旅行）。

所谓的"内心丰富"，就是人格中的凝聚力——那种把所有涣散、易于被外物裹挟的软弱统摄起来的凝聚力，那个高浓度的"核"。

在这个快速稀释的环境中，我们并非没有感觉，你我都明白：和产业的稀释相比，更可怕的是人格的稀释。

人人都想活出真实、活出浓度，只是最终每一条道路都成了套路，都逃不出道理，都成了可笑的尝试。

千篇一律中强做新奇，却是旧苦的轮回。

那到底要如何才算真活出了浓度呢？

以我有限的人生经验而言，只觉得它并不是一个固定答案，清新苦修也好，热闹入世也罢，那只是一个结果。

真正的差异，在于人的意识——能不能，敢不敢，按照自己想要的活法，痴傻地走下去。

这话说出口就显得老套了，就像大多数道理一样，听了多年，却难以真的入心。

※

上个周末跟小伙伴聚会，其中一个姑娘说，终于想明白了，很多事不纠结了，好多自己不情愿做的活儿，也不再觉得委屈了。

我问她为什么？

她说她看过我的一篇文章——《是这些，在阻挡我们对生活的厌倦》，就忽然想通了，无论大事小事，只需去想——它和我要达到的目的有没有关系？

如果有关系，那就去做；如果没关系但又必须做，那就认真完成；如果没有关系，但又不必去做，那就果断舍弃。

当人的心里有了一把尺子，外物都会有秩序地靠近你，而不会把你扯得四散。

很多时候我们困在过程中，便是没有那种目的意识：我要达到什么？

这是一种非常锐利的下意识，是人从内心往外抛的一个锚。有了这个方向，你挖的每一道渠都有预判，你做的每件事都有优先轻重，你付出的精力，轻重都有所感知。

知道为什么活着，知道每一件事情的力气在往哪里使；对你来说并无价值的事情，不至于为它伤痕累累；对你来说热切渴望的事情，甘愿坦然去扑火、冒险。

久而久之，越来越多的精力便聚集于你的目的上，又不至于为那些旁枝末节过度焦虑。

所谓浓度，其实是生命力的一致性，而目的意识就是达到这种一致性的最好习惯。

※

很多时候我们走着走着，便不自觉忘了那个最关键的逻辑：人应该用目的去决定手段，而不是用手段去决定目的。

大部分人总在想：我能做什么，在这些能做的手段范围之内去决定目的。

少部分的人会这么想：我想做什么，根据这个目的去决定手段：需要提升哪方面的能力，需要找哪些人，做哪些事。

对应的结果便可想而知，前者始终在已有范围之内徘徊，而后者才有可能不断前行。

这种铆着一股子劲朝着一个方向的倔强，便是我以为的生活浓度。

别迷恋沧桑，不然真的会丧失力量

世界是欺软怕硬的，过度掣肘于外界经验，便易失去自己的风格；越是把自己做到底，世界则处处为你开道，后世则排队为你写成功案例。

仔细品味，我们会发现生命中有很多"返祖"时刻：年轻的时候迷恋复杂，成熟以后向往简单；年轻的时候迷恋沧桑，成熟以后向往力量；年轻的时候迷恋深思熟虑，成熟以后向往傻气笃定。

所谓"返祖"，即从故作聪明的大人，变回真心勇敢的孩子。

　　※

这是一个后知后觉的过程。

我也曾迷信种种权威人士，关注过上千个公众号，买了满满一书柜工具书，连上厕所都在阅读行业文章，却依旧过不好自己的生活。

那时大概以为自己很聪明，认为自己看过一些书，听过一些道理，参加过一些冠冕堂皇的活动，和朋友聊过一些想法，便掌握了世上诸种本质规律。

其实，现象很多时候比本质更重要、更精彩、更复杂。

能理解这句话的人，或许才是真的长大了。

冯唐在一篇文章里写过这样一段话：年轻的时候喜欢透过现象看本质，读万卷书、行万里路，常常将天地揣摩，希望终有一日妙理开，得大自在。人慢慢长大，喜欢略过本质看现象，一日茶、一夜酒、一部毫不掩饰的小说、一次没有目的的见面、一群不谈正经事的朋友，用美好的事物消磨必定留不住的时光。所谓本质一直就在那里，本一不二。

※

现象是你自己的，而规律是书本的、别人的、历史的。

世界在脚下，并不在书本上。

那些被本质迷惑而畏手畏脚的人，大多不傻，往往还有些智性，但也正因为如此，才会懦弱——被经验所绑架，而失去了自己的核。

而那些掠过本质，斗胆投身现象的人，大多更能体会命运的偶然性，世事的不公开，不惧怕面对一切的不确定。

这世间隐藏着一个真相：世界是欺软怕硬的，过度掣肘于外界经验，便易失去自己的风格；越是把自己做到底，世界则处处为你开道，后世则排队为你写成功案例。

前几天我在微博写下一段话：同样是干一件事，有一种人会设想出种种不利条件，然后问"我们能做到吗？"而另一种人先想到的是"好啊，我们去做吧！"以前我觉得第一种人会赢，现在我觉得第二种人赢的可能性更大。

要想做成一件事情，意志力比"聪明"重要太多了。

大概是渐渐褪去了那一层理想主义的书卷气，不再用精英主义的思想去寻找智性的匹配，而开始欣赏那些世俗、简单、直率，甚至有些傻气的人。

我喜欢跟他们做朋友，听他们的喜怒哀乐，听那些热气腾腾、为了生活而奔忙的种种小事，这让我觉得真实。

并不是每个人都要活成媒体报道中的成功者，那些小门面、小生意，三四个人的小工作室也是真实的个体，同样寄寓着大大的梦想。

规模并不是最重要的，生生不息的意志力才是。

因为世界的本质，是被意志驱动的，而不是理性。

这句话或许说得有些主观了，但在很多事情上是成立的。许多所谓的"规律"，大多是事后产品，那是赢家们分享的故事。每个人在过程里摸爬滚打的时候，谁不是一脚粪一脚泥呢。

若总想依赖着完美案例去生活，是可悲的。丧失机会不说，最怕会变成一个老气横秋的理论派。

这就是我一直恐惧的。作为一个喜欢读书，迷恋形而上的人，我最害怕会成为一个说多于做的人，所以总会把自己推到一个不容退却的位置，一个接一个的环节，一个接一个的角色，一个接一个的任务，刻不容缓。

唯有如此，才能在心底缓一口气——原来自己多少还是有点执行力的。

※

这种自我干涉，源于看透了自己的弱点——太"聪明"。

潜意识是明白的——这种"聪明"在害着我。如果不加以控制，它会主宰我的未来，终身软弱地栖居于可见的格局之中。

所以我一直不害怕所谓的"聪明人"，他们的举止有据可依，有死穴和命门。我只怕那些不按照常理出牌的人，那些不管付出任何代价都要达到目的的人，那些笃定不已的人。

只有这种人，才能在紊乱狂沙中有所建树。

因为能从0到1有所建树的人，大多具备一种素质——盲。

那个把一开始什么都没有渐渐盘活起来的过程，一定是需要杠杆的，也就是要互相去撬资源。如果你不能骗倒自己，不能浑身有力，不能以点作面，铆着一股劲儿兜下去，而是来来回回全盘打算，查漏补缺，那么一定撬不动任何一方，得不到可以周转的第一笔资源，最终胎死腹中。

所以很多人说，创业者都是疯子，无论后来的故事多么光鲜，他们的开端都有着血腥和偏执的一面。

这就是世界的真实。

　※

或许，这就是我这一类人的"生之尴尬"。

能困扰自己的，从来都不是不够有逻辑，不够周全。这些东西对一个但凡有些工作经验的人来说都不难，混上一口饭是不成问题的。

但如果想要更多，瓶颈就很明显了——在已知世界里不管怎么组合、归纳都不难，最难的是去开创一个未知的世界。

这也是真正困扰我的：去哪里寻找那个源源不断的意志力？唯有这个意志，才能驱动自己快速试错、果断出击、勇敢十足地去对赌。

所以，人最可贵的，不是理智世故，而是打得破那个看不见的玻璃顶——力量就藏于那个玻璃顶上面。并不是每个人都能有勇气不顾外界眼光，不怕疼痛，抛下后路去撞开它，做一个有力的傻子。

世界的表壳是由种种道理编织而成的，它哄得过聪明人，却挡不住孩子。

或许我们都有些过于聪明了，迷恋沧桑，迷恋老成，迷恋那些看起来牛气十足的理论，但最好别这样，不然真的会丧失力量。

　　丧，是因为通了；但人如果太通，就软了。

　　年轻的时候，最好还是不要。

听说你纠结了许久，还是选择在原地

人活着的最大遗憾，是当初马上就要撬动的，最终却成了一时的心血来潮。

※

以前我曾写过一篇文章，叫《一切优柔和懒惰，只是因为你还有退路》。

很多时候，人会害怕下决定，尤其是那些挑战熟悉感的决定——不到那一步，是不会想连根拔起，下狠手给自己做一场手术的。

我的微信里有过一个分组，叫作"They"，里面全部是有过情感关联的人。隔一段时间，组里的人就会有变化——有些人走了，有些人来了，有些人悄然不动。隔一段时间，我也会打开分组看着，然后问自己：这些旧关系，留着还有何用？

那是一种熟悉感的象征。

无论是朋友、恋人，还是同事，人都会有一种"趋旧"的习惯。除非你对此毫无留恋，或是对未来有了全新的明确笃定，不然这些旧关系总会在心里留下一点余地。

和老恋人重归于好，这样的故事我听过不少——与新恋人刚刚开始，旧情人一声呼唤，往事涌上心头，心神不宁，先上头的便是种种好处。

为什么人会对熟悉的事物更容易心生荡漾？

惰性。因为从过去的人入手，那是一条最容易的路，节省成本，一些过程可以直接略过，在过去的基础上延续即可。难道我们不是处处如此吗？宁愿忍受恼人的邻居、没有阳光的窗户，也不愿意打包搬个新家；宁愿日复一日地按部就班，骗自己事情真的好多，始终下不了决定来一场旅行；宁愿挤压自己，逃避着渐无生气的关系，也无法正式结束一段感情。

明明知道拖下去不是办法，却还是一拖再拖，因为这大概是最轻松的活法了吧。就像冬日清晨窝在被窝里，哪怕再多一秒也好，即便明知总是要起床。

人要被逼到什么程度，才会愿意连根拔起，放弃过去那个最习惯的古老方式？

大概是真的伤到了极点，失望到了极点，一切都到了无可挽留的地步，以致后来回想时再无留恋，只剩摇摇头、摆摆手说：不要了，再也不要了。

但真的要到这个地步吗？

　　※

人要心甘情愿去开始一段新的旅程，第一步一定是说服自己。

如果你试过冬天清晨强迫自己早起一次，运动半小时，洗个热水澡，好好吃一顿早点，提前15分钟到公司，会发现生活简直充满了希望。

挑战自己的舒适感，这是一句轻松的老话，但做起来却没那么容易。

它是一种自觉的前瞻性，早早看到事情不该如此，与其等到不得不动手的尴尬时刻，不如此刻就下手。

当我开始有这种意识的时候，是从别人身上。

以前总以为自己是个理智的人，凡事深思熟虑，但这个东西过了头，就成了优柔寡断，自己总是心安理得地躲在它的身后。

直到后来身边的一些人和事发生了变化，才逐渐有所改变——早下手，事情往往会不一样。

很多时候，并不是一个人做事的能力决定了你成功与否，而是你是否有勇气先下手，时机和能力一样重要。

看到一些征兆，务必先抑制住心中的犹疑，云想一切好处（挣扎于被窝时告诉自己：你知道熬过这几分钟，接下来一天会多么高效吗？），然后狠狠拽起自己去做。

迅速的执行力本身就足够开拓出全新的局面，至于接下来怎么走，自然会有线索。

而在原地想好一切再去做，到底是考虑周全，还是不够大气开阔？

这是我后来一直在反思的。

　　※

无论是屈服于熟悉感，还是以深思熟虑为借口，囿于惰性而留在原地，都不是办法。

人活着的最大遗憾，是当初马上就要撬动的，最终却成了一时的心血来潮。

对生活的松动，眼看就要成功了，最后却归于寂静，就像鼓足力气要打出的喷嚏，最后却窝囊地缩回了身体，真酸楚。

这里面藏着人性最深的软弱。

因为在每一次连根拔起的前夕，其实我们心里都早就有了答案。

那根细细的线就拽在你自己的手里，拉一拉，过了某个分寸（这个分寸叫作后路），事情就会完全不一样。而失败了，这也不在意料之外，因为在那个临界点，你早就做出了决定：这次还是算了吧。

可悲的是，事情失败了，软弱的我们还总会产生一种变态的感叹：哎，最终还是维持原样了，我不是故意的，但这样真的好舒服。

任何一件事，大到换工作、结婚、创业，小到微不足道的决定、去旅游、去赴约、克服社交恐惧症等等，都是如此。

决定，其实是你潜意识早就做出的，没那么多外部力量干扰我们。真下狠心，那一刻你早就知道这次一定能将自己连根拔起；没迈过去，那一刻你也早已预见自己将再次妥协于短暂的安宁。

在这种矛盾中，我们很容易变成自己讨厌的人：轻易许下承诺，却吝啬于实现承诺。

我们总是兴致勃勃地向世界宣告自己的决定，向朋友轻易给出承诺，向老板随意交出计划，但最后，结果总是不见踪影。

有些人天天喊着要减肥，每天在微博、微信、QQ上，各种叫嚣要节食、要运动、不减到多少斤誓不罢休……但从没成功过。

在生活中，总有人跟我说：下次再见啦，今后还有机会的，随时约呀！但再也没有过下一次。

就连我自己，也常常忍不住跟别人做出一些轻飘飘的承诺，眉飞色舞地提起一些计划，但最后又放人鸽子。

说到底，心血来潮很容易，落地真的很难。

或许我们并非故意，起码那个时刻是真想改变。做出承诺也是为了说服自己、推自己一把。无奈惯性和软弱的力量是如此强大，一次次将我们推回原地。

大概这就是内耗之苦。

每当这个时刻，我们就应该问问自己：当初为什么会想改变？

每个凡人的生活中，总会涌起无数个直觉性的瞬间：想写些什么，想做些什么。但时间一过，不去落实，那些想法就消逝了，好像从未发生过，所以大部分的我们终是平庸的。

是什么在一次次扑灭我们心底的直觉？

除了懒惰，大概还有害怕，害怕脱离常规的"临时感"。

细细去品味把自己抛出去的决定时刻，除了兴奋，更多是头脑的一片空白——接下来会发生什么？会不会很麻烦？我还是回到原地吧。

这个时刻，按住自己，对自己说：别回头，去做。

后来你一定会感谢现在的决定。

事实也是如此，推自己一把，事后总能发现：并没有那么糟糕，恰恰相反，前方原来那么精彩。

依靠架势而活，我们能走多远？

生活不求完美，不求宏大，不求复制成谁，只求自洽。

　　最考验人勇气的，莫过于这种状态：当你在一切已知的存在中都找不到自己时，该怎么办？

　　人终其一生，不过是在世上为自己寻得一个属于自己的位置，不偏不倚，非常贴合。

　　就像学会骑脚踏车的瞬间，车身神奇地立了起来，不再倒向任何一方，笔笔直直地立在这天地之间。

　　　　※

　　她始终忘不了那个下午，稳稳卡在车龙头上的那只大手忽然松开，车后座猛然变得轻巧，跟在身后的脚步声渐渐远去，她心里知道：爸爸从她的自行车上撒手了。

　　下坡路上只有她和脚下的自行车，龙头摇摇晃晃，她控制住了，耳边风声呼呼，她紧绷得像一根木棍，又兴奋得像一只小鸟。

　　她学会了骑自行车。

　　那是她对自由的初次体验。

有些东西，体验过一次便再不能忘记。

　　※

那个刹那，成了她后来一切生活追寻的隐喻。

人有理性的一面，亦有感性的一面，两者到了极致都蛮可怕的。

人要理性到极致，其实很难，毕竟没有谁天生喜欢克制。但感性的人要感性到极致，却很容易，因为放纵自己是简单的。

她属于后者。

感性到极致的人是怎样呢？

做任何一件事的权衡标准都是一种感觉，只看它是否匹配那个感觉，以此来判断自己每一步是否走对了。

那种猛地立起来、不再摇晃、不必拼命控制、滑溜溜独自前行的感觉，就是她关于生活的一切标准。

她给那种感觉取了一个名字，叫作：自洽。

生活不求完美，不求宏大，不求复制成谁，只求自洽。

　　※

和自洽相反的生活方式，叫作：架势。

依着架势而活，这是我们大部分人的生活——找到某一种最流行、最有利、看似强大的架势，然后想尽法子钻进去，透过它来呼吸、来交际、来说话，来看待这个世界。

人一旦进入某一种架势中，我们便倾其所有去贴合它、符合它，试图变成某一类人，好像终于找到了自己。但有意思的是，我们常常又无法在某一种架势里长期活下去，总是患得患失，来回切换，最后捧着那个千疮百孔的自己，一脸绝望。

依靠架势而活，能走多远？

我不知道。

自毕业到现在已经有3年了，说不清自己的身边换过了多少面孔。工作中，恋爱里，朋友面前，来来回回，时真时假。

当初想成为的人，想要的生活，如今已不再觉得重要，只是在心里渐渐生出了层次：哪些是为了生存，哪些是演给别人看，哪些是不得不做，哪些是一定要做，哪些是独属于我的立命之本……人就是这样一步步趋于复杂和盘算。

几天前有位读者留言：卤煮，今天拿到你的新书了，大致浏览了一遍，其实有一点点失望，感觉和公众号里的文章笔风差异很大，难道我买了假书？

这样的留言我一点也不惊奇，也不惧于写出来，其实很正常，我想只是因为你是后来遇见我的。

我微信公众号的文字发生了好几次巨大的变化，去年差不多这个时候，我在《不回首，真不知道自己已经走了这么远》这篇文章大体也写过。不是故意，也故意不来，作为一个自我写作的人，能做的只是顺从每个阶段的自己，尽量记录并表达出来而已。

每个阶段都是真实存在的，也确实信奉过某一种生活理念。

字和人的相遇，本就是超越时间的关系，本就是一种遥远的相似性。如果当初那些理念你现在正相信着，那这种相逢，便是有价值的。

※

她经常在同一个梦里惊醒：从自行车上跌落。

那一辆自行车不再听话，歪歪扭扭、忽左忽右，就要失去控制了。

我们大步行走在标准化之中，离多样的自洽之路越来越远。

一个人要自洽有那么难吗？

自洽不就是自己想得通、过得去，合乎想要什么的逻辑，一致地活着吗？

但人要自圆其说，好难。

内心炙热的一个人，却常常连一句"我爱你"也说不出口；明明喜欢安静，却常常挤在拥挤的人潮之中；

听说马丁·路德·金20多岁时行为古怪，修道院集体唱颂时，他忽然满地打滚，大声咆哮：这不是我，这不是我！

她心里也常常涌出这种可怕的出格之举，在某个道貌岸然的时刻，不管不顾地骂几句，但这种念头也只是一闪而过，不可能发生。

生活依旧致密而汹涌，从四处涌向她，向四处奔流而去。

内在的一致性，是人一出生便摆脱不了的痛苦，我们时常信誓旦旦朝着某些目的狂奔，却经不住问自己为什么要追赶它，于你到底何干……

人越想证明自己活下去的原因，就越难自洽，越容易急急钻入一些架势之中。

毕竟抓住一个现成的架势很容易，而摸索出自己的一致性很难。

所以世上绝大部分人都是架势的被驯服者，带着被培训的深深印记，所谓"专业"或许就是这个意思。

但夜深人静的时候，内心的冲突和混乱依旧存在。

如何将外界的种种思想、诱惑等等庞杂之物融为一体，变成从思维到行动趋于一致的自己，终究逃不过面对两个终极问题：

（1）敢不敢承认那个真实的你？

（2）敢不敢面对真实的世界和差距？

选一个最适合你的横切面，管它热不热闹，主不主流，有没有前途，一刀切下去，一脚踩下去，使劲蹬，使劲蹬，不要停，

那辆单薄的自行车，便在悠悠世间立住了。

慢下来，去发现重复的价值

事情会好转，但不是你换份工作、换个男人、换座城市，就能立刻改变的。生活好像一个陀螺，在一次次重复中，我们只有比上一次走得更深、更精、更到位，日子才会慢慢好转起来。

※

对于生活，我习惯将它划分成两个阶段：

第一个阶段是上学时光。那时的我还是个孩子，没有主动驾驭生命的意识，一切都在设计好的环节里相扣：幼儿园、小学、中学、大学……

这段时光看似束缚，却是快乐而安全的，每一步都明确无比，每一阶段都截然不同，充满新鲜和期待，生活的晋升渠道更是简单——只要努力就会有结果，就能考个好分数，就能去更好的地方。

那时候的我压根儿没有"自由"这个意识，更不会明白——自由，注定与生活的不确定、人性的不安全感形影相随。

毕业之后，人就进入了第二个阶段：忽然之间，一切决定权都交到了你手中，由你自己掌舵。

刚毕业那半年，我活得随波逐流，总以为有一只看不见的"手"还在托着自己，保护我不驶错轨道，不沉入深渊，不在上弯路走得太远。

其实，护栏早已撤走，所有的不确定性都在向你敞开，生命从未如此自由——向左向右向上向下都是路，天堂地狱、邪恶善良，都在于你的选择。

随之而来的，就是一种庞大的无力感——自由，而无力。

这是每一个孑然活于异乡的人最大的痛点——世界是那么大的一块蛋糕，你却总咬不到最中间那一口，这种失落感，逼你不断看清自己的软弱和无能。

王小波说，人的一切痛苦，本质上都是对自己无能的愤怒。

这句话或许是对自由最好的注解，能一次次突破自己的无能，抵达某种短暂自由的人，就是凡俗世界的英雄。

随着对生活无限性的认识，我也有了一种可怕的感觉：如果不做点什么，就这样尘埃落定，那我就只能日复一日地过着重复的生活了。

仿佛挨了一记耳光，我的背脊发凉：原来生活本是无情之物，没有人托着你、保护你、阻止你下沉，整个世界只是一个不以你意志为转移的自发转动之物。

在北京，每天都有数以千万人来来往往，你不是主角，也没那么多天注定，以"我"为中心的视角是那么幼稚。

如果还活在梦幻般的气泡里，最后的结局一定很可悲。

工作快一年的时候，我确信了对于生活的判断：如果不自救，就真的犹如一颗尘埃跌入巨大的汪洋，缓缓无声地下沉，直到最底处。

※

为了和许多人一样，我开始了初始的折腾，在这座偌大的城市。

之所以叫"初始的折腾"，因为它是盲目的，只是发自于害怕。害怕像无根的野草，害怕领着微薄的薪水直到老死，害怕成为平凡无能之辈中的一员，害怕父母老去的速度，害怕永无目的的沉沦。

像大部分年轻的姑娘一样，我并未将注意力放到工作上，而是频繁约会，阴暗地希望生活发生某种迅速的改变。

不是有人说过吗，女人改变命运的两种方式：一是跳槽，二是结婚。

但即便现在，我对婚姻的认识依旧不成熟，更别提当时。那时只是如一只瑟瑟发抖的小动物，对一切温暖和明亮都充满了深深的觊觎。

阴差阳错的是，那些缘分无一例外都消逝了。每一段感情的失败都有它的缘由，但关键还在于自己——想要安稳，又不甘心牺牲自我。

至今我都很感谢那些短暂际遇的结束，它让我迅速看清自己，蜕去软壳。

害怕，其实是每一个初入生活的人都有的状态，只要熬过，就能遇见一片新的境遇。

寄希望于一个强者，一个男人，一种不用亲自负责的生活，这并不是出路，只是另一种伦常——从漂泊的伦常，进入迷惘的家庭伦常。

女人若只是把婚姻当作逃避命运的解药，便容易落入另一重枷锁，更无后路的枷锁，无论是物质还是精神。

后来，工作一年半，我的折腾从约会变成了规律化地写作。就像遇到一个真正适合自己的人，它结束了我所有的不安和乱撞，日子步入一种有力的稳定之中。

冯唐有一本书，叫《在宇宙间不被风吹散》。人需要一种自发之力，源于内心的热爱去做些什么，才能止住虚无的痛苦。那不是外界强加给你的"规划"，也不是士兵一般的傻劲，而是你自己的志趣。

当这个东西肇始于你自身，你充分明了它的必要性，才会心甘情愿去自律，去折腾，去设立一个又一个的目标，这是真正的内驱力。

内驱力，它是自由的真正名字。

　　※

如今，我比以前更相信"自由"的存在，它不是完美的，也正如此才是可触达的。

自由不是一片毫无后顾之忧的处女地，相反，自由寄生于最琐碎、潮湿的缝隙里，日日夜夜重复的缝隙里。

是的，日日夜夜的重复。

人生的第二个阶段——由你自己掌舵的阶段，和学生时代最大的不同便是：生活不再朝着一个明确的方向线性晋升，而是进入了一种隐秘的重复。

日子看起来拥有无限的可能，本质却是不断相似的重复：工作的重复，薪水的重复，人际的重复，蜗居环境的重复，看不到尽头。

稍微有一些经验的人便会发现：换一份工作，经历的流程基本是重复的；认识一个新人，喜爱与厌倦的过程是重复的；换一座城市居住，面临的问题大体是重复的；换一个领域，从浅入深的必经之路是重复的……

事情会好转，但不是你换份工作、换个恋人、换座城市，就能立刻改变的。生活好像一个陀螺，在一次次重复中，我们只有比上一次走得更深、更精、更到位，日子才会慢慢好转起来。

人是能记忆和反思的，所以我们能觉知到这种重复，也才能意识到原来成功的本质是耐心、持恒和无穷无尽的精益求精。

　　无论我们路子多么广，跳来跳去，换来换去，终归要选择一个方向扎下去。那个由浅入深的过程、碰到的问题、遇见的人际，多方关系和原理，都是重复和相通的。

　　我时常有种熟悉感：当下经历的，似乎过去都经历过，但我已不再是那时的我，现在的我更有耐心，更加稳重，不再急于求成。因为一旦看到这种重复性，就会死死咬住当下的目的：每一次重复都不能浪费，必须要更纵深，更精进，更进一步。

　　因为只有更进一步，人才能遇见下一个未知，当未知成为已知，就又化为重复的一部分，然后是再进一步的精进，如此往复，不断接近人生的极限。

　　若不在重复中一次次超越，便会落入巨大相似性的轮回之中。

　　而自由，是虽然看到了重复的枷锁，却仍然能自驱着不断往下，往下，往下，扎入另一全新境界。

那时候，我们看山只是山，看水只是水

一个稍微有过生命体验的人看到大海，一定会自我投射，唤起一切过往和爱恨情仇。当一个人的生命机器被折损得越严重，这种投射就越严重。

　　　　　　※

记不清上一次见到海是什么时候，印象很深的一次是在晚上。

那时我刚从学校毕业，第一份工作在一家公司做公关。

午夜的沙滩一片狼藉，我和同事各自拎着一瓶啤酒，踩在脏兮兮的沙滩上，吐槽着白天的种种突发状况。

那时我们总是一堆人一起出差，个个都是愣头青，杀到全国各种地方办活动，每次都像打仗。

大家那会儿并不熟，只是被迫在琐碎突发的事务里紧紧绑在一起，不得不暴露各自的嘴脸。一群毛孩子，不靠谱和令人气愤的事情经常发生，但也没人计较，稀里糊涂就过去了。

渐渐地，一场场活动滚下来，竟也形成了默契。

我们就这么沿着沙滩走着，有一个瞬间，几个人停了下来，望着海边。

那是我第一次看到夜晚的大海。

腥，臭，吓人。一片漆黑，只有"哗—哗—哗"的水声。

每一次声音响起，一条巨大的银白色不明线条便朝着我们横扫而来，我不由得往后退了一步。

深夜的浪花，特别特别白。

※

每一次出差的事情都差不多：场地布置，物料准备，签到招待，酒水礼仪，主持热络，招待嘉宾吃好喝好，回公司写报告，统计媒体传播诸如此类，在一座座城市之间重复着。

现在想起来，在夜里看大海，真是一件格格不入的事情。

总有一些片段，像是强行硬插进你当时的生活，和一切色调、氛围、感受都不相符。

但往往是这些片段在提醒你：此刻你是谁。

一个稍微有过生命体验的人看到大海，一定会自我投射，唤起一切过往和爱恨情仇。当一个人的生命机器被折损得越严重，这种投射就越严重。

那片海不再是海，变成了它自己，变成了独属于它的对象。

但那个时候我们还很鲜活，所以海还只是海。

它是一种纯粹的、令人敬畏的异在——腥、臭、黑、白。

在酒精和疲惫的作用下，我们脱下鞋子坐在沙子上，就这么望着黑暗中的那根白线，来来回回，来来回回，来来回回。

和所有年轻人一样，我们看似凶猛，却十分乖巧，被那一场夜海拎得极顺，脑子里只有眩晕。

没有哀愁，没有自怨自艾，没有对贫穷的担心，没有对未来的欲望，没有对父母的衰老的忧愁，没有和命运较量后留下的种种伤口。

我们对一切充满新鲜感，对一整天的忙碌心怀满足，脑袋空空。

想要快乐的最简单方法，就是保持内心的单纯。

当你穿不透表象的时候，就不会看到矛盾，就不会产生种种假设，不会心生悲观和纠结。

后来我才明白，那就是看山只是山，看海只是海。

　　※

等人回过头明白这个东西的时候，山早就不是山，海也早已不是海了。

风景成了我们寄托情感的大篓筐，用来盛放种种感叹、梦想、欲念。

人似乎就可以分成这么两个阶段：看山只是山，和看山不再是山。甚至连爱情也经历过这么一种转向。

在一段时间里，爱情是纯粹的，喜欢一个人就只是喜欢，不会去思考"我为什么会喜欢他（她）？"

只是带着这种喜欢去一步步接近，无法自控，没有预设、没有防备，生活像一个披着红盖头的新娘，当盖头被掀开的时候，喜怒哀乐总是突然而来，我们处于一种"对生活到底使了多少力气，只有事后才能算出来"的状态，常常一不小心就超支了自己。

现在，生活成了一场有节制的购物，准备花多少钱在上面，事前基本都算好了。

一旦进入一段关系，人就成了一部难以自控的机器，忍不住思考：为什么会喜欢他（她）？哪些地方好？这些"好"合适吗？被外界所认同吗？我们的关系是否是合理的？我们的性格是互补还是相似的呢？

在一起或者不在一起，总得找个理由心里才踏实。

也会不断质疑这段关系的持续性：他（她）为什么选择了我？我的优势还能持续吗？

大概总觉得一切事物定要有一个目的，必须得能够看到结果；唯有弄明白一切关系背后的逻辑，我们才能安心继续走下去。

于是，总是再三越过那个肇始的莫名好感，去担心往后的一切，只为给接下来的爱情生活找一个理由，忘了山和水最初的模样。

※

无所谓好和坏，它们只是我们的成长过程而已，让我再回到蒙昧的少年时期是不可能了，也庆幸自己终于不再像个二愣子一样，总让自己撞得浑身是伤口。

只是有时候，还会想起那一片海。

它什么都不是，与我没有任何关系，只有单纯的夜晚的海：腥、臭、黑、白，让我害怕和惊奇。

爱做梦的人，才能理解夏天的美

喜欢夏天的人，或许都是爱做梦的人，也是骨子有些阴暗的人；希望明媚地活着，却又无法摆脱与生俱来的悲观；会在发酵的氛围里肆意地做梦，也会在凌厉的冬日里收拢沉默。

最近一段时间我忙成狗了，在最喜欢的季节里。

对夏天，我一直有一种由衷的热爱，从小到大。从春往夏走的日子，是一年里最充满希望的时岁，因为我知道：一切都在日渐明媚。

清晨，天亮得越来越早；傍晚，天黑得越来越晚；日光越来越肆意，直至灼热地拥抱一切；身体越来越轻盈，毛孔越来越自在，好像外界未知的危险也在一点点散去。

所以，别人都在惜春，我总是格外惜夏。从初夏的第一天开始，就特别害怕失去它。也曾想过，为什么自己这么执迷于夏天。

因为它的味道是独一无二的，那是梦想和怀旧的神奇结合。

怀旧不必说了。

儿时南方夏日里又潮又闷的气味；

老房子被褥上六神花露水的残香；

柜子里塞得乱乱的棉布 T 恤、短裤；

头顶呼呼搅动的电风扇；

高考时节台灯下嗡嗡的小虫；

耳后黏腻的汗渍；

黄昏时脚下腾起的温温热气；

夜幕降临时爱人伸出的手；

凉拖摩擦着马路牙子上的刺啦声。

夏天好像是一坛陈酒，里面留存着从小到大的味道。但同时夏天也是梦想的，因为它是轻便的。

唯有在夏天，才能拥有那种衣着轻便、孑然无牵、随时收拾就能离开的劲儿；那种仍有无限可能的感觉；那种明天只会越来越灿烂的美好幻觉。

爱情仿佛随时随地都有可能发生，机缘仿佛就在下一秒的拐角，一举一动都被加上了滤镜，万事万物似乎都更容易松动，空气中流动着一种迷幻的气息，躁动而年轻。

只有在夏天，我才能如此深刻体会到两种极端矛盾的重叠：怀旧和梦想，童年和明天，过去与将来，更多可能的躁动与复古的哀愁，细水长流和远走高飞……

这种关于琐碎的细细玩味，总让自己觉得很有意思。

我一直相信，人对于时间的感知、对于季节的喜好都是天生的，这种东西根植他（她）的性情里，是一种很灵的东西。

喜欢夏天的人，或许都是爱做梦的人，也是骨子有些阴暗的人；希望明媚地活着，却又无法摆脱与生俱来的悲观；会在发酵的氛围里肆意地做梦，也会在凌厉的冬日里收拢沉默。

　　如果能够选择，我最想在暖南的地域生活。始终抵抗不了那种浮夸、热酵、迷幻的快乐，即便它是虚幻短暂的，却有着致命的疗效。

文字记录的一些日常之情

每个母亲就像一条河流——新生的河从山里蹦出来，吻着每一寸新鲜、满世界的灿烂，只是还没来得及舒展自己，她们就进入了生活的窄道。

记录生活有很多种方式，有人喜欢拍照，有人喜欢录影，我的方式是笨拙地写作，记录些日常之情。

每次回忆起来时，先是有些陌生，然后是熟悉，最后是唏嘘。

或许这就是文字的作用，比电子设备的记录更有韵味的地方在于，它和你的记忆情感是一体的，它是活的。

这篇《母亲》，写于7年前，那年我21岁。

母亲是个伟大的词，而我的生活中只有平凡的人和事，却仍想用这个词写点什么。

在去往另外一个城市求学之前，母亲于我就像空气，无处不在。她是个控制欲极强的处女座女人，对我了如指掌，我吃什么、穿什么、交什么朋友、什么时候睡觉、什么时候回家……她通通要弄个明白。

由此，18岁之前，我唯一能做的也就是在心里保留一些较为隐晦的想法，在她不会看到的地方写写博客，窝藏外国磁带，刻意与她保持距离，逃开她在我生活中无法撼动的阴影。

刚离家没几天，母亲就焦急地打来电话，叫我务必注意安全，我问她为什么突然说这些，她支支吾吾地告诉我她做噩梦了，梦见我死了。我哭笑不得。

上大学之后，母亲最大的改变就是不再过多管我了，电话不多打，短信上也常常就四个字：注意安全。

她不再管我穿什么，无论我怎么穿，她都说好看。我开始化妆，即便化成大花脸，她也从不笑话我，只会告诉我哪里的化妆品品种多，哪条街的衣服好看。新鲜感一过，我不再化妆了，因为实在难看。我对她说：那些东西不适合我。母亲笑着说：我知道，你像我，化妆不好看，我年轻也这样，什么都得试试。

从小到大，和母亲逛街的次数屈指可数，因为我最讨厌这个。她喜欢逛，但我幼年体质弱，总是浑身无力，走几步就拉她手问："妈妈到了吗？"母亲说快到了，过了前面那个楼就到了，走很久，还是没到，每次都这样，我很崩溃。母亲也嫌带我上街麻烦，因为我总要喝水，上厕所，她索性不再带我上街了。

母亲爱美，我看过照片，她在20世纪80年代应该很会打扮，90年代一直剃最时髦的男生头。她爱买衣服，连等公交车也要去旁边服装店挑一会儿，衣橱里挂满了衣服，一层又一层。

每次买了新衣服她都第一个穿给我看，母亲喜爱挑个时间在家里试衣服玩，我就坐在一旁，这是我俩的节日。高中后，我觉得烦了，随口夸几句敷衍，后来母亲说得少了；再后来上大学了，很少再见母亲买的新衣服了。

母亲变胖了，好像不再注意她的外表了，穿着旧旧的家居服，进进出出买菜、做饭、看韩剧。每次回家母亲都会从头到脚地打量我：我穿什么、什么发型、背什么包、像欣赏一件作品一般，带着满意的神情。

我不在家的日子，母亲会给我买衣服，怕我不喜欢，她总用手机先拍下来发给我，等我确认喜欢再买下来。其实她买的衣服我压根儿不怎么穿，现在年轻人流行黑色欧美风，母亲不喜欢，她喜欢把我打扮得粉嫩一些，招人疼爱一些，她希望我不要长大。

离家之后，母亲去福利院做义工了，把我小时候的衣服拿过去给那里的孩子，带他们出去吃火锅，我取笑她，说泛滥的母爱终于得到了释放。再后来，母亲在熟人介绍下去了一家幼儿园做事，听她说很累但很开心。每次回家她都学那些小孩的模样，模仿他们的语调，她变得很忙，很早就要睡，很早就要起，那段时间里，母亲瘦了，睡眠却好了，人也健康了。

在学校时我常想，我不在家时母亲在做些什么，无非一些家务，打打麻将，看看韩剧。母亲让我给她下各种电影软件、小游戏，我总忘记，即便很容易我也懒得弄，她会因此生气，骂我自私，不再理我。

我给母亲申请了一个QQ号，她便天天在上面种菜，每天都来抢我的菜，一天都没错过，母亲菜地里公告栏上写的是：常回家看看。我喜欢和母亲网上联系，即便不说话她也知道我在寝室，会安心。

母亲打字慢，但进步很快。以前她总问我，每个拼音都要问，我不耐烦，便劝她不要再上网了。后来她就不再问我，抱着我读书时用的字典慢慢地翻，一个字一个字地查。每次上网，母亲那边总显示正在输入中，隔很长一段时间，发来几个字，我知道她又在翻字典了，对着键盘手忙脚乱。

上次回家，我发现母亲QQ上多了很多人，200多个好友，说是方便偷菜，我随便瞄了一眼，看到一些聊天记录，母亲聊到了我，自豪地说是她女儿给她弄的菜园，女儿今年21岁，很听话，她很有福气。

我小时候母亲又美又暴躁，脾气差，嗓门大，搂我跟打我一样用力，亲得我满脸口水，也会掐得我身上青一块紫一块，她控制不了自己的脾气。我时常觉得自己是她的出气筒，芝麻大的事能爆出几米高的火花。

或许是因为她孤傲的梦想不得不屈居于厨房和儿女吧。

不记得什么时候开始母亲不再打我了，说话也不再刺耳了，大概是与母亲这个身份终于融为一体，不再反抗生活了。

我很庆幸自己没有在20多岁的时候成为母亲，因为我一定会比她爱美，比她爱自由，比她自私，比她暴躁。

每个母亲就像一条河流——新生的河从山里蹦出来，吻着每一寸新鲜、满世界的灿烂，只是还没来得及舒展自己，她们就进入了生活的窄道。

那时可没什么心理建设，没什么矫情鸡汤，初为人母的路让她磕磕碰碰，头晕目眩，满身疮疤。

那一辈女人的青春很短，15岁就进入了社会，感受着社会的挤压、狭小工作环境里的计较，清高的性格让她吃尽苦头，受尽排挤。母亲有很多工作照，每个人都穿着灰色工作服笑着，唯独她是没有表情的，这样的照片有很多。

20岁结婚，青春就这么结束了。按她的性子，本应不管不顾闹腾一段时间的，就算有了我，也不会因此有所收敛，扑腾的心没法安静下来。

带着微微不甘，她还是热烈地接受了我，爱着我，也拼命打我，管束我，奋力得像一团火。

作为女儿，我不知道母亲的梦是什么，但她一定是个喜欢做梦的人。我时常在她身上看到自己的影子：热情，激动，敏感，一颗细小的尘埃也能在心里激起巨浪，易爱也易忘，想着没有边际的事，世俗里做着白日梦。

如今我有了自己的思想、秘密，不久也要离开她，去一个更广大的未知世界里去了，母亲应该做好了准备，放我自己去找寻，不然为何她会如此平静。

上次回家，母亲衣橱里多了几套新衣服，下午她满脸兴奋地拿出那几件给我看，问我觉得怎么样。

时间又回到了1998年，年轻的妈妈和那个丑丑的、崇拜她的小女儿。

写于2007年

后记：

今年回家跟母亲逛街，我走得很快，她走得很慢，一会便说：休息会吧，坐了一会便要去厕所，或者渴了，发呆。

那一瞬间，我发现她老了，我们的角色真正调转了过来：我成了那个自顾自美的人，而她成了那个容易疲惫的孩子。

没有任何悬念的生活不要过

别随随便便就被生活打发了

先热烈地活一把，再去与生活和解

只要你还没找到热爱所在，脆弱便无处不在

请对生活永远怀有私心

「碰到喜欢的东西总要买两件」这种毛病

第三章

先热烈地活一把，再去与生活和解

没有任何悬念的生活不要过

当你忘记了"该怎么活"这回事，你才真正拥有了生活。

※

我们常常觉得，人活着活着，就会趋于保守、稳定，直到凝固成一块磐石。

但在这一重趋势之下，往往有另外一种力量同时在起作用，于是我们活着活着，就活开了。

所谓活开了，不是傻愣了、幼稚了，稀里糊涂糟蹋了自己的生命，不是。

不是那种毛头小伙子的行为，而是真正体会到生命最精彩的地方——悬念。

从学校出来之后，我们就走上了一条趋于理智的路，这是所有人的轨迹，从宽到窄，从含混到规则，从粗糙到精致。

从小接受的教育、所有的知识，全都指导着我们去过一种理性而有规划的生活，所有学识都是抵达这种生活的武器。

这是一个必经的过程。

但人最有意思的地方在于，智性里天生就孕育着反智性的因子。这一点自古如此，古时便有魏晋风度，有陶渊明，有李白，有各种各样盲目的智者。

从心出发不逾矩，这个东西从不是天生的，而是人一定要先压缩自己，再重新释放自己的过程，这是一种后天的悟性。

　　　　※

这种后天的反智性和反沉闷，往大了说叫自曰；往小了说，是对悬念的重新认识和热爱。

理性最怕什么？不外乎是未知，我们所有的规划、预设、演练都是为了杀死未知，让事情朝着计划的方向严丝合缝地完成。

一切的一切，莫不如此。

22岁那年，我得了一场严重的强迫症。以前文章提过，那时我正在考研，一个人搬出学校去外面住。

每天从一睁眼，就开始了重复的煎熬：无数次检查室内物品，无数次检查各个学科的学习计划，无数次默念接下来要做的"To do list"，无数次刚要进入具体事务，却被某个外部声音打断：你准备好了吗？你真的准备好了吗？要不要再检查一遍？

那个时候，我头一次体会到一种痛苦，并在笔记本上记下了这种痛苦：当形式压倒了内容，当对外界事物的统摄欲太强时，我就再也进不去生活里面了。

我彻底失去了内容，失去了无意识活着的本能。

在别人身上再简单不过的事情，在我这里却无比困难：只是呼吸，而不是去数着一呼一吸；只是去爱，而不是去害怕爱得不够好；只是去学习，而不是去担心是否能学得完；只是去拼搏，而不是被种种拼搏的方式压倒。

无谓的细节和看不见的绳子快让我窒息了，只想没心没肺地活着，去他的"应该怎么办"。

那个时候，我很羡慕身边的每个人，因为他们能不管不顾地活着，该做什么做什么，那种掠过形式直接生活的随机快乐，我失去了。

后来很长一段时间，我无法接触一些宏大而诱人的字眼，比如梦想，比如爱情，比如拼搏，比如努力。

因为这些概念总让我困扰，强迫症让我对形式和细节格外关注，你会一遍遍问自己：怎么抵达？用哪些方式抵达？

总希望在事情开始前就在脑海里把整个过程演一遍，当你真正进入时，耳边全是关于"怎么做""这样做对不对"的声音，最后除了一堆美好的概念，什么都没体验到。

※

那是一段黑暗的时光，我开始独自探索内心的某些奥秘，终于在一个叫"森田疗法"的理论中找到了一句话：顺其自然，为所当为。

好几年里，这八个字一直是我的QQ签名。我以前的QQ签名叫：用力生活。

多么讽刺。

后来每当我试图对生活用力时，内心的声音便会告诉自己：顺其自然，为所当为。

当下该做什么就去做，不要跳出来，不要俯视生活，不要去照料它，随它去吧。

后来回想时才明白，很多隐秘、丑陋的神经官能症的背后，都隐藏着一些本质之物。

一个人之所以会得强迫症，是因为太热爱生活了，才会想在方方面面控制它，感知它。

越如此，我们越失去了生活。

就像鱼无时无刻不在水中，就会自然忘记水的存在；就像兽无时无刻不在空气中，自然而然就会忘记空气的存在；就像人无时无刻不浸没在生活中，自然而然就会忘记生活的存在。

这就是生活的本质，它是内容，不是形式。生活是"为所当为"，不是"应该怎么做"。当你忘记了"该怎么活"这回事，你才真正拥有了生活。

　　　※

摆脱了强迫症之后，我并没有完全明白，只是在很多事情上睁一只眼闭一只眼，时而理性，时而懒散，时而用力，时而撒手，对生活不太刻意打理了。

后来，因为偶然的一些小事，我才开始进一步思考，近而想通。若不是那些细微的小事和它们带给我的惊喜，我应该不会走这么远，没准至今还在河的另一端。

这些小事，简直小到无足挂齿。

几年前我曾做过老师，想靠它来养活我自己，但这份职业总让我痛苦。因为要备课，要提前准备第二天一切要做的事情，而孩子年纪特别小，特别调皮，你永远不知道他们会在课堂上做出什么事情。

我害怕失控的感觉。

德国电影《浪潮》里有一个片段，男主角的妻子是一位小学老师，每次都要服用一颗镇定剂才能上台上课。那个时候的我也常常想来一颗。

每次从前一天备课到临登台上课的那整段时间里，我都处于隐隐的焦虑中，渴望着快点上课，快点结束这未知带来的压迫感。

偶然有一次，我几乎没怎么准备就急匆匆上台了，后面还坐着一排家长。没想到那堂课进行得异常顺利，我一阵一阵的惊奇，也不知道当时的思路从哪里冒出来的。

走出课堂的那一刻，跟进入课堂前那一刻已经完全不同了，它不属于我计划中的任何一刻。

一瞬间，我感受到了悬念带来的惊奇，我想自己应该触摸到了生活的本质。

人就是这样，有时候打通你的那个东西，不是什么大灾大难、大富大贵，就是一些小事，特别是无足挂齿的小事，帮你戳穿关于生活的种种蔽障。

你只要抓住某个瞬间，读懂了它，门就开了，就一定不会再想回头。

但我也知道这种惊喜绝非运气的附属之物，它跟我日日夜夜的准备、经验、学习是分不开的，所以只要你有足够的准备，已经具备了操控事务走向的能力，剩下的只管放手就好了，交给悬念。

渐渐的，我开始偷尝这种快乐，经常备好课了，临场却不按照备课的内容来，或者有时候并不怎么精心备课，上课后再临时来一招，效果都很好。

那感觉就像一个刚刚学会游泳的人突然扔了游泳圈。

把自己抛入未知，进入未知之后，你自然而然会找到路，不要害怕，尽情享受未知时刻里的一切。

再后来，我便把这种模式复制到生活中的所有事情，不仅是上课，还有爱情，还有工作，每一个大大小小事情上。

我爱上一切"不封口"的事物（只有开始是已知的，而结尾是未知的），并开始主动寻觅这种生活。

后来找工作，和班上大部分同学不同，我选择了做公关、做活动，大大小小的临时活动，我喜欢那种一次次"化险为夷"的事后快感，喜欢那种每一次开始都差不多，但每一次结束都截然不同的意外，因为你永远不知道中间会发生什么。

以前我是个守旧的人，喜欢吃的菜会一次次吃，喜欢的咖啡馆会天天去坐，喜欢的衣服会买好几件……但自从爱上了悬念带来的快乐之后，我开始和新认识的朋友一起旅行，一起游玩，放下了那种"喜欢的东西总要买两件"的执念。

现在的我，时常要和一些陌生人进行封闭式协同工作，以前我是很抗拒的，现在却很期待，因为你永远不知道结果会怎样，你也不必知道。你只需尽力去做，让它往一个好的方向走就可以了。

生命像一节节隧道，每一次进入的时刻，你永远想象不到出来时会怎样，隧道里会发生什么化学反应，会收到怎样的惊喜，获得什么体验。

当你能放下一切无谓的操控，才恰恰获得了活着的主动性。

　　※

偶尔回想，我真的已经走了很远，这也是为何自己是个存在主义的信徒。

存在先于本质，这是我一直相信的。

你是谁，由你实实在在走过的路决定，而不由一个先在的抽象定义决定。没有人能比你自己更有资格定义你是谁。

人是会变的，不仅仅是外面那一层东西变，内核本质也会变，如果你用心去生活，没有什么是不会发生的。

从一个作茧自缚的人变成一个热爱悬念的人，中间那一段路并不曲折，也不传奇，只是一个普通人的心路历程，甚至可以发生在每一个人的生活里。

从小事中捅开，再将这种新的收获复制、放大到生活各处，渐渐就会长出一个全新的自己。

这大概就是打开全新局面的小心得。

别随随便便就被生活打发了

活着，就是在谈判——你不争取，生活决不主动给你；你要什么，生活总在给你打折扣。

　　　　　　※

　　我发现了一个很有意思的现象——年纪越大（或熟）的人，朋友圈里好玩的事就越多，什么一花、一树、一草、一木，段子、游戏、聚会、吃喝玩乐、琐琐碎碎全在里面；反而是年纪小（或是心理年纪小）的人，大多喜欢修饰朋友圈、美化照片、经常透露出对生活的愤怒与不甘。

　　很多时候，人越老就越一脸嬉皮笑脸的无赖样儿。之所以如此，大概是因为平时跟生活较过的劲太多了，终于和这个世界和平共处了，为什么不好好珍惜？

　　而那些经常一副"生活欠了我"的样子的人，反而是骨子里很懒的年轻人，懒得操心费劲，总是习惯说"我都可以""无所谓""到时候再说吧"，最后又对一切结果不满意，对生活恨之入骨。

　　以前我的朋友圈也属于第二种，特喜欢说一些只有自己听得懂，其他人很少能领会的话，对待外界的态度大概也是如此：总希望别人能懂自己，又懒得为此做出实际努力，用一个词来形容，就是：又闷又骚又懒。

讽刺的是，25岁之后我爱上了一句话：不要暗恋，去求婚，人生没那么多时间给你去演内心戏。

我对待生活的态度也渐渐扭转，说到底，年纪大了便不再舍得用间接而无力的方式对待生活。

不想再被生活轻易打发，不想再寄希望于一个人的内心世界，不想再叽叽歪歪吐槽愤懑，只想做一些自己喜欢的事，做出成绩。

因为人年近30岁时，检验我们生活的，不再是那些姿态、精神等虚头巴脑的东西，而是你现实里的作为和成果。

※

活得时间越长，我就越明白，生活是一只精明的老狐狸。

活着，就是在谈判——你不争取，生活决不主动给你；你要什么，生活总在给你打折扣。

很多东西你不提，它就会不言不语敷衍过去；你提个10分，它松松口只给你5分；你想要个90分，就得提前付出180分的努力。

从这个角度来说，世界是公平的：不存在任何一种"不操心的自由"。自由都是操心出来的，你得跟生活抢，跟它磨，参与它，改变它。

前几天看到一个名人采访，他说自己很热爱自由，但实际上是事业给了他实现自由的条件。

有时候我们自我安慰，说什么自由全是在自己心里，这话真的只对了一半。在现实生活中，自由是需要条件的，那些所谓的"内心自由"，其实并不真实，无法持存，也无法被生活认同。

一个人上一秒对着天空感叹"此刻就是永恒自由"，下一秒就要坠入没着没落、惶惶不安的生活里，我们都知道那前一秒的自由，有多虚伪、脆弱。

自由的前提是内心的坦然。坦然来自你妥当安置了一切，对日子有了把控，这时候才说得上是坦然，说得上是自由。

就像卡夫卡《地洞》里的那个小动物——永远在逃窜，永远从一个洞逃到另一个洞，终日担心天敌、饥饿等各种问题，无法对外界产生控制力，何来坦然，何来自由？

它只是被生活追着咬，从来不曾跳到生活的背上驾驭它。

人的生存何尝不是如此呢？

每个人都是从水底一层一层往上游去的，我们一点一点往生活高处走，进一寸便能感受到多一寸的自由。

是，自由没有尽头，但只求对生活多一些、再多一些掌控，那种"永远在行进中"的感觉，便是人活着的所有奔头。

　　　　　※

或许人的长大，关键就在这里。

我们来到这个世界上纯属偶然，赤条条落入了这混沌之中。人是新生的，而生活这混沌之物早已存在千万年，它不欠你什么。

所谓的"欠"，不过是那一条沟，引用罗振宇在《奇葩说》里讲的那句话——"成长的过程是什么……成长就是你主观世界和客观世界之间的那条沟，你掉进去了，叫挫折，你爬出来了，叫成长。"

你爬不过去，就会觉得生活欠了你的——生活压制你、阻挠你，你看不惯的人都过得比你好，那么多意外、好运都与你无关，你和芸芸众生一起被压在五指山下面。

你爬过去了，就不会再觉得生活欠你的，它只是个客观之物，它有它的好——它给了你亲人、友谊、人际关系、机会、动力，也有它的复杂、它的精明——它不听命于你的意志，它是萨特口中的"地狱"。

生活就是生活，不好也不坏，但它是我们怎么都绕不过去的一座大山。

我们不能随随便便就被它打发了，因为我们一旦放过了它，它也不会放过我们。

你什么都不做，生活自然会按照自己的节奏浸润你、笼罩你、控制你，让你随波逐流，或许饿不死，却毫无生气地活着。但凡一个有点自我意志的人，都会在这种中间状态中痛苦难耐。

你想赢，那就得费心思，主动甚至提前操心、麻烦、交际、计划、调动更多你需要的东西。

永远在生活掉过头袭击你之前，先它一步下手。

老人总说，人活着就是苦。人要活得好，就是源源不断地接受苦啊，提着一口气，源源不断地警惕和操心着。没有捷径，没有结束。

这是人活着的必然。要想什么，就一定会有代价。生活里那些赢的人一定是最劳心的那个人，他们时刻提着一颗心，比生活先行一步，推演、计划、实行。

强者都是处心积虑熬出来的，稀里糊涂的人只能甘于平凡。

既然要活得自在一些，苦是肯定的了，那能不能加点糖呢？

可以。

与其把生活想象成你的敌人，不如想象成是你的作品。

将那把本来对着自己内心的刀，调个头，对准外面，对准生活，把你内心想构建的一切，慢慢雕琢出来。

先热烈地活一把，再去与生活和解

有些人老了，脸庞却留下了年轻时的英气，让人不禁猜想：他（她）应该是真正浸入过那个时代的人。但有些人老了就是老了，没有留下任何东西。

　　　　　　※

　　一些作家和导演在回顾自身轨迹时，经常会说：那时候太年轻，现在会更接地气一些。这句话的潜台词是：现在做的东西大众更喜欢，也更有商业价值，于人于己都皆大欢喜。

　　很多人抨击他们，觉得他们堕落了，背叛了艺术。但我相信，并不是他们一夜间江郎才尽了，也不是为了钱去媚俗，而是一个不可抗阻的东西在起作用：时间。

　　他们确实走到了人生自愿去被稀释的阶段了，发自内心地认同了：这么做是对的，这么做让我舒服。

　　这个理，放到每个人的成长中也是如此。

　　作家陈染有篇文章叫《我们能否与生活和解》——"二十多岁时候，我生命中的一个重大课题就是把自己改变成一个快乐之人。为什么不能和大家一样与这个世界和谐相处？！我为什么要把道路看成'绳索'，把人际的谜网当成自己永远无法翻越的墙垣？！很久以来，我都在试图说服自己，那是不'成熟'使然。我甚至对自己说，快乐是一种能力，快乐是一种勇气，只有自信而勇敢的人，才能使自己和周围的人快乐；一个永远哀哀泣泣、愁眉不展、怨天尤人甚至愤世嫉俗的人，多是懦夫或生活的败者……随着岁月的流逝，我在不断的'成长'中的确'与生活和解'了许多，可是我自己清楚，在这种'和解'的深处，包含了多少无奈、多少妥协、多少自我的分裂与丧失。我感觉到自己生命中那些有重量的东西正在一点点丢失。所以，我无法说清这种'和解'是否快乐。"

是啊，年轻时活得热烈，又忍不住怀疑：是不是自己不够成熟，才会如此轻易愤怒、热衷表达？激情稀释之后，又会怀念那一段热烈的时光——既然现在什么都通了，那还有什么创作激情呢？

　　　※

一个人渐渐走向"接地气"的过程，确实是成熟了。

所以对艺术家，我一直很难抱有苛责的目光——希望他们的作品永远停在最锐利的阶段，这是可笑的。

与生活和解，是每个人必经的过程，它是不可逆的。一个人真开通了，内心郁塞之处的力量势必就弱了，与世界之间的那堵墙便拆了，"不平则鸣"这回事也不复存在。

前两天翻"新世相"张伟的一篇文章，他说以前写作必须维持浓烈的风格，后来逐渐克服自己，将风格稀释，让更多人接受，也有了后来红红火火的"新世相"。

虽然我更喜欢他早期的文章，但他这种心境的转变我是理解的。

但凡一个有自省能力的人，都很难不活在矛盾与分裂之中。我也如此，每篇文章写完我总会自问：别人能看明白吗？我本性喜欢艰涩，又爱抽象理论，不太喜欢具象描写，更愿意直截本质。但大众读者其实更热衷于故事、喜欢生动的描写。

即使在做自己喜欢的事，我也会在"他人"和"自己"之间纠结，既希望保护自我的风格，又想被更多人接受。

即便事实如此，我也依旧相信：接地气没错，前提是你得先"自我"过。

人生若没有肆意飞翔过，一味接地气是没意义的，那只是一种天生的平庸。

一个人从浓烈步入稀薄，这里面有种遗憾的韵味，风骨依然是在的；但如果一开始就奔着做一个投其所好的大众情人而去，反而容易随波逐流，不会长久。

对人生，我总抱着这个理念。

※

有些人老了，脸庞却留下了年轻时的英气，让人不仅猜想：他（她）应该是真正浸入过那个时代的人。但有些人老了就是老了，没有留下任何东西。

有些人的身份是商人，当他告诉你年轻时他也曾是个疯狂少年时，你心里"哦"一声："难怪啊！"。

我们都能理解这种矛盾：一个人的身份可以多样，但其成就仍与性情相关，世俗功业需要灵性，灵性也需要世俗物质，才华终归是才华。

实际上，人生是一条抛物线，从无知的平静（幼年），到激烈的对抗（青中年），再到豁达的平静（中老年）。首尾都是平静而稀薄的，中间经过一个最热烈的巅峰时刻。谁也无法逃过这个规律，即便是当初名噪一时的"垮掉的一代"，那些诗人们也并未呐喊到老，击败他们的不是政治和文化，而是时间。

区别在于，若未曾浓烈地活过，之后连稀薄的资本都没有，你的人生就是一根平平的线，既无过程，也无美感。

活着时，人没法宏观预测自己，不知道什么时候到了顶点，什么时候江郎才尽，什么时候会慢慢软化，是否还会有下一个峰值。我们能做的，就是趁着内心还有不甘的时候，铆足劲去淋漓尽致一把，该执着追求的就执着追求，该表达的就去表达，爱一个东西就要不眠不休地钻研，有力气的时候就要将个人的风格最大化。

因为高浓度的时刻是有限的。

人若不改变世界，就会被世界改变。但只有当人的骨子硬时，才凿得动世界，老了就是软了，而且还自以为这种"软"是一种智慧。（虽然现在我还是"硬"的，但能预感多年后对"软"的倒戈）

在某个垂直领域钻透过，对某种生活方式深深坚持过，在时代飓风里凝结过小小的自我风格，就不算白活。即便后来你变了，走向稀薄，与生活达成和解，也依然能在稀释的空间里创造价值，取得成就，获得另一个层次的知音和满足，因为高浓度的时刻，最能激发出一个人的才华和悟性（当人激烈执着于对象时，一定会使出全部内在的力量，这正是自我成长的最佳时刻）。才华和悟性这个东西是会一辈子跟着你的，人有了它，就像船有了舵，怎么掉头都不会开得太慢，怎么转型都不会做得太差。

最怕的是，年纪轻轻却过度迎合、左右摇摆，还自以为早熟懂事，这才是莫大的悲哀与浪费。

只要你还没找到热爱所在，脆弱便无处不在

要翻身，一定得做自己擅长、热爱、戳中命门的事情。不然就会陷入被动的伦常，只能被推着走，很苦。

英文中有一个单词，叫Vulnerable，意思是容易受伤的、易于攻破的。

和Weak不同，Vulnerable带有一种不彻底性，描述了一种活着的状态——脆弱性。

这种脆弱不是多愁善感或体质虚弱，而是一种不稳定性：人活着，像藤蔓一般可以随时被诱惑，像一张网一样可以随时被捅穿撕裂。

悠悠晃晃独立于荒原之中，随时随地都能攻破。

　　　※

读书时，很少有脆弱感，因为总有一种稳定体制在托着我——不用交房租，不用担心明天该干什么，不用焦虑父母老了怎么办，不用纠结未来会活成什么样。

毕业时，我拿着打工存的钱在市中心租了一间大主卧，房租占到了工资一半以上。

自在地享受着偌大的居住空间，下班还能做一些自由的事情，买买菜、

做做饭、煮煮咖啡，这种日子一过就是大半年，房租交齐了，钱没存下来，找家人要钱的时候才发现原来自己的能力支付不起想要的生活。

自我与现实之间的那条沟一旦显露出来，脆弱就来了。

那时候，我已经感知到生活正在驶入一种灰暗的稳定中——每个月五千多的工资，朝九晚五上下班，省钱交房租，没几个亲朋好友……就像一辆开启的汽车正开进一片荒漠——大部分人所谓的"正轨"。

然而这一切，都未曾经过自己的允许，我还没开始努力呢。

是的，如果你什么都不做，生活也会好转。但只是以它自己的节奏，以处于你利益上游的人们的意志为转移。

脆弱的核心，是人终于意识到了自己活着的被动性。

　　※

很想把住方向盘，又不知方向盘在哪里，也没有资源去自造方向盘。这种内外对立的感受在大城市非常明显。

一方面，沦为生活的一枚棋子，眼巴巴等待环境给你什么，这是遥遥无期的；另一方面，你花费巨大成本在这里活着，想必一定是为了获得什么，这个意识一直威胁你：所剩时间不多了。

所以你渐渐会有一种感知：要翻身，一定得做自己擅长、热爱、戳中命门的事情。不然就会陷入被动的伦常，只能被推着走，很苦。

关于这种生活我写过很多——中小城市的人很可能早早进入结婚生子的伦常；大城市就是没钱、没物质、没生活，无望地漂着，任由巨大的经济机器把自己的精力耗损殆尽。

因为人活着的力量，只来自内驱性。

你只有发自内心地去认同一个事情，才不觉得苦，才能无畏投入，才有可能爬到上游去主宰生活。

　　　※

人一辈子都在和脆弱斗争，就像举着火把驱赶暗夜，火一旦熄灭，脆弱就见缝插针般涌来。

但我们不是一开始都能找到那个火把，尤其是女人。

有人说，女人要改变命运，最简单的路就是嫁人。

像许多人说的"女人本就没有爱情，谁对她好，她就跟谁走了。""如果你想追一个女神，一直对她好，就有可能得到她。"

这些说法都有一种意思：女人的爱情本来就跟生存是一体的；不像男人，事业和爱情是两种截然独立的力量。

身边很多朋友在最艰难的时刻火速地进入了婚姻，但我不会将她们看作逃兵，因为任何一种生存抉择都不能简单粗暴地评价。

尤其是那些独居在大城市的女人：被甩失恋、贫穷拘谨、工作挫败、怎么用力也打不开生活，那种深深的无力感——多么希望能多一个肩膀，多一个伙伴，两个人过，怎么都好过一个人扛。

爱情最初的梦想，在难熬的日子里也难免化成龌龊的觊觎——每出现一个男人，你都忍不住想，他是否就是那个能为你的生活带来改变的人，恨不得有一个现成的角色（妻子、母亲）在那等着你去"成为"，从而爬出这窄小灰暗的洞穴。

这些我都能理解。

身边的朋友来来往往，一起来到这座城市的女孩儿最后都回了老家或找到了依靠，在合适的年纪里歇息了下来。

剩下我，就这么一个人走了过来，到现在。

曾在笔记本上写下一句话——人不愿意改变自己，大多两种情况，要么是吃的苦还不够多，要么是太爱自己。

※

如果你问我，那现在呢？还会脆弱吗？

当然，脆弱的时刻一辈子都会有，但至少不会被风吹得四散了。

因为我总算找到了一些自己擅长并喜欢的事，就像孩童学自行车，走过一段歪歪扭扭的路程，才渐渐找准重心，摸到些幽微的操控感。

这就是巨大的进步。

人脆弱时最容易被诱惑，我们经常意识不到这一点：被金钱诱惑，谁给的钱多就去帮谁干活；被物质诱惑，谁条件好就选择跟谁交往；被表象诱惑，哪个行业热门就往哪个行业钻。

人在脆弱的状态下做决策时，都以为在顺着正确的形势走。顺着大形势走的人太多，但能成功有一个元素很重要：就是那个东西你自己得爱，这样才能坚持啊。

记得上一份工作的老板在我离职的时候说：无论什么事，最后成了的，都是那个执着的人。

深以为然，可是何以能执着呢？人都是血肉之躯而非机器，终究不能离了爱。任何一个东西，剖开了全是琐碎，如果一开始的爱都没有，根本熬不过漫长的岁月。

条件再好的一个人，不爱，再小的事都是导火索，随随便便就否掉了一切；再热闹的事情，如果你无法将其与自己的生活发生联结，终究只是人浮于事，走走形式。

人还是要从事自己热爱的事，与爱的人在一起，才能拥有自知的幸福。

其他功利的考量和算计，都是为了缩短这个过程，而不是目的本身。当你栖居于一种中间状态时，会积累一些必需的经验，这都是为了能得到那个你喜欢的东西。

工作中我们都有这样的感觉，最累的不是被动接受任务，而是你主动去操心一个对象，琢磨它、搞通它，那是最劳心的。

人浮于事并不累，累的是沉下去扎扎实实地做点东西。但如果对一个东西不感兴趣，你根本很难扎进去，只能痛苦地浮着。一浮就容易分散，容易抱怨，容易多管闲事，容易焦虑。这才可怕。

因为涣散之物最稀疏，便最易脆弱。

抵抗脆弱的唯一方法是热爱，当人专注到了忘记意义的时候，那就是他最硬的时刻。

※

若你还不知道答案，那就别对生活设限，大胆去"斜杠"。

当生命意志还无法凝聚于一个具体对象时，就把它们四散到各种可能性上，去尝试。这些尝试就像是一个个侦察兵，有助于增强你的认知，接近最合适的方向。

只是要注意浮躁和尝试的区别。

浮躁的本质是重复。比如做100件不同的事情，全都停留在最前面的100米，虽然是100件不同的事，但都是相似性的重复，毫无益处。

而尝试的本质是不断获得新知。新知的获得有两种方式，一种是横向学习，另一种是纵深发展。横向的尝试最好尽快完成，因为人没有太多时间穿梭于不同的领域，尽快把自己锁定在一个范围中，然后不断纵深。但即便在一定范围内，也会存在很多个角色，比如你喜欢内容，那可以尽情在内容领域中去"斜杠"，自己写内容，联系内容，搭建内容平台，多重角色体会串联。

只是在任何一个角色里，不要太早放弃，一定要深度介入，完成一个从0到1的完整过程，进一寸必定有一寸的欢喜。

常常告诉自己一句话：一切悬而未决，只因为你还身处于过程之中。

带着过程的眼光，我们便会有坚持下去的动力，因为前方总有新知可以挖掘学习。

愿你早日找到属于自己的火把。

请对生活永远怀有私心

不再寄希望于从天而降的好运，在活下去的日子里尽力积累力量，但千万记得要怀有私心，千万别放过任何一个可以更接近自己本质的可能。 把活下去当作准备弹药的过程，而活成自己才是精准瞄射的时刻。

　　　　　※

　　大学时看过一部电影叫《革命之路》，最近又翻出来看了一遍。

　　电影不动声色地讲了一场悲剧。 故事发生在二十世纪五六十年代的美国，一对生性浪漫的夫妇结婚7年，有了两个可爱的孩子，在郊区"革命之路"上买了一幢大房子，终于实现了所谓的美国梦想。丈夫弗兰克继承父业，在市中心做着日复一日的销售工作，妻子爱普莉曾是一名不太成功的演员，搬来之后成了家庭主妇。

　　一天，妻子怀想起当初两人的相遇，猛然燃起了去巴黎生活的念头，这个念头让他们无法自拔，两人仿佛回到了从前，生活里的一切又明亮了起来。

　　偶然，弗兰克得到了一次事业逆转的机会，面对契机，弗兰克犹豫了；同时，爱普莉怀孕了。当一切袭来，他们的巴黎计划濒临破碎，所有的问题在瞬间爆发，巴黎这根唯一的救命草消失了，爱普莉亲手杀死了腹中的胎儿，并在大出血死去。

弗兰克带着孩子们离开"革命之路"，而"革命之路"依旧祥和，新的夫妇搬来，老的夫妇平静离去。

电影的名字绝对是个讽刺——在这条叫"革命之路"的街道上，住着的恰恰是最无力对生活革命的人。

电影或许夸张了，实际上我们远比电影中的人物强大，早已接受了一地鸡毛的局面，只是依旧会对生活怀有一些私心：真的就这样了吗？还有没有更多可能性了？

这种痛不至于像电影中那样致命，却是一种隐隐的存在，似乎永无愈合之日。

　　※

我的手机里一直静静躺着一句话：活得不够好，则一切无意义。

这句话是为了提醒自己而输入的，活得不够好，则清高无意义；活得不够好，则自我无意义；活得不够好，则放纵无意义；活得不够好，则冒险无意义。

先给我老老实实好好活下去，好好学习，好好赚钱，好好鸡血一把。生活给了你什么，先扎扎实实受着，就像别人递来的一杯杯酒，不要多想，先干下去，要相信自己的潜力是无限的，要相信总有一天你会翻身。

但同时，我的心中总在冒出另一句话：生活还有更多的可能性吗？

人之所以会怀疑现在，或许因为我们相信还会有另一种更正确的活法。

我相信它是存在的。

所谓"正确"，并不是电影中灿烂的巴黎，它不意味着完美，它只是一种认知上的感觉——就像你换了一个行业，换了一个男朋友，换了一座城市，多年之后回头再想想当初，喟然一声：幸好当初离开了，现在舒服多了。

就是这么一种回首庆幸的感觉，特别简单，它在生活里随处可见。

人的性格、技能、所擅长的东西各不相同，总有能让你待得更舒服的环境和方式，只是并非每个人都愿意去找。

所以在有限的时间里，人要多经历，因为没有比较，你真的不会相信会有"更好的"这个东西存在。

　　　　　※

"活得不够好，则一切无意义。"VS"生活还有没有更多的可能性？"

这两条训言天生矛盾吗？我以前觉得是，然而现在不再那么认为。

在这个世界上，每个人都说着"我要奋斗"，看似一模一样，其实是不一样的。有些人此刻的奋斗是为了未来的自由，为了能有"将生命浪费在美好的事物上"的资本，那个最终的目的地在远方。

有些人的快乐就在于奋斗本身，享受赚钱的过程，享受追逐本身，享受每一个当下价值的实现，结果并不重要，结果只是个必然结局。

搞清楚自己是谁，到底想要什么非常重要。

以前我以为自己是第二种，后来才明白自己是第一种人。

我的骨子里是有些懒散的，但明白所谓美好的事物都是要付出的，所以万万不敢在这个年纪松懈，只能将私心藏起。

因为所谓的更多可能，更多快活，更多自在，不是停留在软弱无力的情绪层面，是要被落地的。

人很难颠覆生活，我们只是在一次次撕开生活，一次次更深入一些，多打开一点局面，仅此而已。

这需要源源不断的力量。这力量可不是源于电影、小说、幻想，而是源于血肉之躯，源于我们不断在寻求俗气的"活得更好"的过程中日渐积累起来。

※

但凡一个对生活不甘的人，总在做着两手努力，一面是为了活下去，一面在为了活成自己。

单纯地活着，总是很难使人快乐，唯有在偶然"找到自己"的时刻里，才能快乐起来。

但说实话，那些小孩子气的"找到自己""我就做我自己"终归不切实际，因为那并不是客观存在的，只是沉浸在自我世界里的小自恋罢了。

真正让人佩服的，是把生活落实成了自己希望的方式。这里面是巨大的过程，你的才华、能力、金钱、人缘、资源、机会等，不是想象中的，而是实际的改变，一寸一寸地水到渠成。

所以，很少有人稀里糊涂地就实现了自己的梦想，背后都是精到不能再精的清醒。

这让我逐渐接受了一种更加切实可行的方式：不再寄希望于从天而降的好运，在活下去的日子里尽力积累力量，但千万记得要怀有私心，千万别放过任何一个可以更接近自己本质的可能。

把活下去当作准备弹药的过程，而活成自己才是精准瞄射的时刻。

"碰到喜欢的东西总要买两件"这种毛病

一切试图延续的执念，很多时候只是一时的放不下。所以，别再画地为牢了。

　　　　　※

　　我有一个奇怪的小习惯：碰到特别喜欢的东西，总要买两件。

　　所以衣橱里总能发现两件同样的衬衫，两件同样的内衣，两条同样的短裤，甚至两双同样的鞋子。

　　这是一种让人痛苦的强迫症。它们并不是在同一时间买下来的，而是每次买完第一件之后，总会生出一种"恐怕再也遇不到它"的心情，于是回头买第二件。

　　越是喜欢的事物，越如此。

　　第一眼很喜欢，飞快买下；走了没几步，或是过了没几天，不安全感渐渐涌了上来：完了，它这么好，万一坏了/丢了/旧了怎么办？

　　不多准备一个，心便始终不安。

　　在这样一种强迫的心情下，我会专门花时间再跑一趟，买下第二件。

　　心，才终于安落下来。

※

上上周，我买到了一件黑色的小 T 恤，特别喜欢。临走时又"犯病"了，特别想买一件一模一样的，我硬是把这种恐惧给压了下来。

上周，走在路上穿着它，不安全感再一次涌上来，翻了翻衣服边缘：才洗过一次就起毛球了，像我这么不爱惜东西的人，这件怕是穿不了多久的，到时再买，估计都没货了吧？

此时的我心中百爪挠心，掏出手机搜附近分店，恨不得立刻冲进去买一件。

查了半天，没有。

烈日炎炎，懒惰终于战胜了不安全感，还是放弃，回家了。

※

回到家，我便开始琢磨起自己这个毛病。

越是爱的，便越害怕无法延续。所有的怕，都源于太爱。

这是人的一种极度不安全感——好不容易遇到了一个喜欢的/适合的/舒服的，便恐惧遇不到更好的了。

但事实如何呢？

实际上，所有那些后来我买的"第二件"，它们的使用率都很低。

我只是把它们买回来，求个内心平安，然后就像忘记了一样丢在一边，继续追求着更新的东西。

当时汹涌而起的得失心，只是一种幻觉——由于害怕而过度聚焦，完全吞噬了自己的心。

这种得失心，让人一时之间放大了对某个物件的看重，变得敏感而焦灼。当你购买了第二件，缓解了这种焦灼，心便松了下来，也回到了常态、回到了真实——其实你并没那么爱它，也没那么需要它，它的使用率并没那么高。

这便是小小的魔障，它在生活中无处不在。

当下的执念，扭曲了真实的需求。

店铺那么多，牌子那么多，衣服那么多，其实总会遇到更喜欢的。

一切试图延续的执念，很多时候只是一时的放不下。

所以，别再画地为牢了。

《我的前半生》：整部剧很假，但有一点是真的

一切悬而未决，只因你还处于过程之中

有些东西你看到了，却还穿不透

谁不是既贪恋热闹，又怀念孤独

简单，所以迷人

出场方式，决定了大部分关系的结局

别人没说出口的话，才最心知肚明

每一个活出自我的人，都曾深深讨厌自己

你是谁就是谁，不必偷偷摸摸

第四章

有些东西你看到了，却还穿不透

《我的前半生》：整部剧很假，但有一点是真的

世上最无常的，从来不是外界的沧海桑田，而是人内心的无常——你发自内心忽然间就觉得：原来另一种活法也挺好的啊。

《我的前半生》这部剧算是红透半个大中国了，于是我没忍住也追了一把。

但我看一半就想放弃了，因为一个字：假。

人物关系假：现实生活中，罗子君那种主妇几乎不可能有唐晶、贺涵那种朋友。

主角光环太大：一个脱离社会10年的女人，熬几个通宵就凭一己之力帮一个董事长翻盘了？星辰公司里的其他人都是弱智吗？

人物逻辑假：全宇宙的贵人都在帮罗子君成长，但她内心软弱的本质一点都没变过。

或许最大的问题在于，整部剧并没有深扎下去探索主角的内心。

剧本没有建构起一条线索：一个女人要经历多少，才会从内心里变得彻底清醒？世界又是如何一点一滴狠狠刮掉了她对这个世界的幻想的。

人的蜕变，是一个残酷的过程——原来的世界坍塌，残渣碎瓦还在不断砸下来，你拖着残肢断臂就得爬起来重建了。

《我的前半生》显然没有展示这个过程和节奏，只是从外界环境上去简化一切——唐晶帮她建一堵墙，贺涵帮她打地基，Miss吴帮她开一扇窗，看得人云里雾里：罗子君真的得到生活的教训了吗？为什么好像只要把这些贵人撤掉，她就会失去所有勇气和决心，连一顿饭都被人灌得不行不行的。

罗子君的角色总是淡淡的，没有魂，因为她没有内驱性：我为什么要改变，为什么要一步步这么走？

人物每一个行为背后都有一个心理动机，无论是出于感恩、教训，还是自私，只要对得起生活的复杂性，这个剧本就是好的。

但《我的前半生》很尴尬，一开始虽然简化了一些，但起码把一种价值观打透了：女人要勇敢、要独立。观众看得很爽。

后来越看越不对劲，好好一个正面女主角变成了撬人男友的玛丽苏了。全剧想表达什么？

一个电视剧，要么去传递正能量，要么就好好表达人性。什么都想要，只会变成一个四不像，假。

　　※

但看到30多集，还是有一处让我唏嘘了很久，它可能是这部剧里最真实的一处。

第31集，唐晶决定从香港回来跟贺涵结婚，放弃之前的生活方式，买菜做饭做人妻。一个那么强势明确的女人，就这么轻易颠覆了自己30多年的生活，只有一个很简单的原因：一场病痛。

当唐晶对罗子君说自己要做家庭主妇时，罗子君满脸诧异，唐晶说："我不一样的，我这算是急流勇退。一路上山，什么风景都看过了，现在该下山了。"

"有时候真是很奇怪，你说你30几岁了，离了婚，现在要去赶我20几岁赶过的路。而我呢，因为生了这么一场无关紧要小病，反而是要回去学你的前半生，去当人家的太太了。以前我老是说你不上进，现在你上进了，我却要变成你了。"

看到这一段时，我眼角是湿的：两个人走了半辈子，竟然交换了。

剧本终于触到了一点生活的真实本质——无常。

我们每时每刻都在告诉自己：你要做自己，坚持做自己，坚持到底啊！但谁也不知道，那个自己到底是谁，那个我们最终想要的东西是什么。

世上最无常的，从来不是外界的沧海桑田，而是人内心的无常——你发自内心忽然间就觉得：原来另一种活法也挺好的啊。

然后就收好了刀剑，卸甲归田了。

就像我以前写的一篇文章《最害怕，不经意间巅峰状态已过》，你永远都不知道自己在哪一瞬间会失去力量，就那么安安心心地怂了，甘于成为那个你曾经认为闲散的人，理解了"无用之用"。

那个原因，可能是你鞋子里的一粒沙子，一张医院的误诊单，一个你身体积劳导致孩子流产的消息，一个父母老去的瞬间。

生活本无意义，但我们要活下去就必须给它赋予意义，比如拼了命的工作，比如成为一个厉害的人，比如在30岁之前赚到第一个100万，比如成为一个独立的人……但这些事情的意义终究是短暂的，无法长久，我们对此无能为力。

我们现在为之努力的，并不知道它还能撑多久，迟早会有一个缘由到来，悄无声息地结束它，让你发自内心想开始另一段人生，即便那是你曾最难以接受的。

生活就是如此荒诞。

　　※

唐晶的前半辈子是早熟的，她一开始就很清醒，但依旧在下半辈子自愿选择了混沌。

罗子君是晚熟的，她前半辈子混沌，但一记闷棍让她不得不在36岁时清醒，并慢慢发现了拼搏生活的甘甜。

生命中的我们都是公平的，不存在先后之差，有的只是围城。

你在过小日子，却不知那些忙得要死的高薪族也幻想着某一天能去小城活着；你在大城市漂泊，却不知道多少早早安定下来的人在深夜不甘心得难以入眠。

生命之河很长，你真的不知道它会流向何方——因为天真和懒惰，我们年轻时欠生活的努力、勤劳、踏实，生活迟早会要回去；因为操心和早熟，我们年轻时欠自己的欢愉、任性、闲适，生活迟早也会还给你。

既然生活如此无常，我们还能做什么呢？难道放下现在执着的一切吗？

想必是不能的，因为我们需要靠意义活着，而且这个意义越唯一越好，否则它看起来便不值得我们为它付出。

要想活下去，人需要盲目。

万一你透过时间的缝隙，看到了生命本质——必然的虚无，也没关系，那就让我们一只眼盯着当下，告诉自己：我就要执着，就要不达目的不罢休，不淋漓尽致，不倾情投入就会死。一只眼望着远方，告诉自己：起码心里有准备，万一哪一天需要换个样子面对生活，起码我早已料到了。

在这个广袤的人间，这或许是人能给自己的最好安排。

一切悬而未决，只因你还处于过程之中

深刻没有捷径，唯有深度介入，纠缠，熬过一段一段远程，才能看到不一样的东西。

※

我的微信公众号后台总会收到很多留言，倾诉着种种困惑。故事不同，但都有一个相同之处：对当下的事情产生源源不断的怀疑，始终处于一种摇摆不定的状态。

"我该不该改行，换一份工作？"

"我该不该离开这个人，重新生活？"

"我该不该放弃专业，从头开始？"

"现在真的很煎熬，生活好像快过不下了。"

……

我很少回复这些困惑，它们只是一朵一朵细小浪花，根源在于我们内心大海的深处。

人们总是难以接受一个现实：活着，99%的时刻都是不彻底的，我们的一生注定与问题共存。

安静时，如果你感受一下生活，会发现我们无时无刻不处于一种动态摇摆之中：当下的种种麻烦、困窘、死结，未来似乎不会更好了，就像在沼泽里行走，正在无法控制地陷下去，越来越沉重。

在这种情况下，如果你还年轻，第一反应一定是拔腿而跑，用尽全部力量从当下的泥淖中拔出来——"离开当下"成了你暂时的目标，把希望全押在了"下一脚"上，你坚信未来一定会更好。

谁知道，下一脚踩下去依旧是一脚泥巴，于是你又想跑，又抬脚，又踩下去……每一次深深陷入，再用力逃出，再进入，都得耗费巨大力气。

直到花了很多年，你来来回回，出了很多坑，入了很多坑，喘息不已，青春不再。擦擦汗，抬起头，才发现生活原本就是一片无际沼泽，没有尽头。

靠逃，你永远逃不出的。

※

事实上，以上是大部分人在青春期都在干的事——轻易放弃，轻易期待，总觉得有一个更完美的地方存在。

但是，只要这么来过几次之后，比如频繁跳槽、更换恋人、变动活法，你就会明白：原来哪里都一样，哪里都是坑。

在现实生活中，梦幻岛是不存在的。

一个有能力的人至多能适应现实；一个超级有能力的人则是重组现实，建立一个自己的岛。但无论是哪个岛，即便你是岛的主人，它都是问题重重的，无法围着你的个人意愿而转动。

这便是存在的本质：永远处于不彻底、不确定、互斥纠缠的动态平衡之中。

而这也是人性最憎恨的东西——我们活着就是为了追求确定性，为了抵达那个万里无云的时刻，感受那种畅通无阻的感觉。

我们总想找到最热爱的工作，最兴趣相投的爱人，最志同道合的朋友，最适合自己的活法。

是，人总得追求更好的，但关键在：无论怎么切换环境，问题都是存在的，没有一个完美之域。看不透这一点，所有挣扎只会带给自己无穷无尽的失望和疲惫。

生活的翻盘需要关键节点，但绝不是催生于"我再也忍受不了啦"的情绪，而是要在条件成熟下创造机遇，水到渠成。

※

我给自己三个建议：

建议一：用过程的眼光看待现实。

你要相信，事情一定会起变化，如果成本不是特别高，尽量参与完一个事情的全过程，不要太早放弃。

很多人都有这样的感受，尤其是第一份工作，全是琐碎。以为自己坚持不下去，却不知为何又拖了一段时间，半年之后发现——"咦？好像熬过来了又看到了一点新的东西。"一年之后——"操控性更强，渐渐有了自己的节奏。"一年半之后——"看事情有穿透力了，琐碎也有了别样的意义。"两年之后——"身边的人换了一茬儿，没想到是我熬下来了。"两年半之后——"原来这个行业是这样啊，这才终于有了一丁点感觉。"

回头再想想最开始的时刻，心态是那么浅而轻。这就是一个过程中可能会发生的事情。

人太小了，而万物的肌理是那么细小繁多，当我们身处其中某一个过程时，很难熬，因为时间太慢，慢到你根本看不到全貌，只能感受到一分一秒的痛苦。

所以在弄明白一个道理之前，你注定要苦很久。

但当你来来回回几段过程之后，就会有教训，就会有记忆，就会渐渐看透：人生就是这样，我们无法穿越生命的总过程，只是穿越一节一节的甬道、一个一个的阶段而已。

第一次恋爱，吹毛求疵，很快就分了；多谈了几次，发现到最后要过日子的时候，相似的问题又来了。无处可逃，我不能每次到了这个阶段就逃跑，只能硬着头皮扛过这一段。

扛过之后，爱情或许是淡了，但感情却更深了——对这个人里里外外都看明白了，跟任何一个人都不可能再走这么近了，爱人的不可替代性才真正显露出来。

投入的时间、情感如此之多，那种嵌到你生命里的深刻程度，是任何一段露水情缘都很难抵达的。

人啊，松动容易，深刻难。

深刻没有捷径，唯有深度介入，纠缠，熬过一段又一段，才能看到不一样的东西。

建议二：随时随地保留你的目的意识。

坚持不代表盲目死磕，我们得在执着与灵活之间找到一个平衡点。一个有效办法，就是随时随地保留你自己的目的意识。

这一点其实写过很多次了，随时随地体察自己的状态：我的长处是什么？我这个阶段需要什么？目前生活是否还能提供给我需要的东西？我是否已经到了可以继续向前进的临界点了？

在事情要起变化的时候，其实会有征兆，我们要学会看到这种征兆，比如你的力量感，外界对你的评价，你看待事情的全面性，是否依旧处于易于松动的状态，你的个性特质是否已经突出到被外界悉知，你积蓄的资源是否已经汇聚到了一个足以喷薄的程度，等等。

如果经过全面分析，改变是可行的，绝不要拖泥带水。

如果当下这片泥土还足够养活你眼下的目标，那就沉下来吸收。

建议三：主动向情绪发起攻击。

阻止我们看清楚形势的一个东西，叫作情绪。情绪让人不愿直视自己的问题，而逃避于幻想，放纵自我的无能。

以前我写过一句话：活得不够好，则清高无意义。同理，当自己无法扭转事态时，就不要轻易吐槽别人的无能。

我也时常会抱怨发泄，但终究是不安的，总有一双眼睛在暗处审视我：你真的很弱。那是一种自知之明的羞耻感，让我一次次觉察到自己的软弱和可悲。

所以每当情绪要攻击你的时候，不如先向它发动袭击，主动调整自己。

唯有当我们意识到"生命意志应该是由我调动的"时，你才有可能从生活里面打破它。抵挡住琐碎和无序，容忍一切紊乱，要死死贯彻着自己的目的，始终清晰地知道自己的所需所欲，别发散，别涣散，别转移话题。

很多时候，在情绪临界点的瞬间决定，决定了很多事情的结果。

在即将被压倒的瞬间，鼓起力量，收紧自己，坚持下去。

※

文艺杂志《Lens》主编法满在接受采访的时候说："任何工作对于不能胜任的人来说，注定都是一次又一次地路过。现在不少年轻人心理上比较脆弱，有的人给自己自由的理由，在我看来就是软弱地走开，这只会让自己在幻想里在成长。并不是你脑子里有多少幻想，而是你有多少能力和时间在具体事上。没有能力的自由，就跟天上的云一样，看着挺大的一团，一会儿就脆弱地散了。"

文艺爱好者都知道《Lens》，但即便是那样一本审美文艺的唯美杂志，它在本质上依旧是一份工作，有一篓子的琐碎事务要处理，现实中也有残酷的竞争。

这世上不存在一个无人之境的自由。

自由，都是需要磨掉一层皮才能体会到的，它不是客观摆在那里的东西，它是人的一种心境。

同一片山水，在一个天真的孩子眼中只是美；但对一个跋山涉水过的人来说，那是真的自由——来之不易的、容易消逝的、绝美的自由。

人只有接受了生命永恒的不彻底性，同时又坚信着自己的意志，才能看到自由——那戴着镣铐的舞蹈。

有些东西你看到了，却还穿不透

每一次悉心聆听，每一顿饭，每一个拥抱，每一个挂记，每一次原谅，都是缘分，都是珍贵，都是没有分别心的好。

前几天我问了大家一个问题：用一个词或一句话，来形容我的文章带给你的感受？

后来收到了好多回复，我一一看了每一个词、每一句话，其中有一位读者发来一句话：还没长大，在拼命长大。

我想你说对了，这就是现在的我，或许也是现在的你。

　　　　※

人在成长过程中有一种苦，是知与果的距离。

很多东西你知道它的存在，却怎么都够不着；很多软弱，你知道它就在你的性情里，却怎么也改不了；很多道理，你把它里里外外看了个明白，却依旧穿不透。这种"心智常常走到现实前面"的苦，总在扯着我，提醒自己：还没有到时候。

这是一种早熟之人犹能尝到的苦。

所以我很少参加什么思维培训，因为这些活动教授的东西不外乎是一些道理，那是对还不够透彻的人才有效的东西。对于道理看得太明白的人来说，知道更多道理并没什么用，只会更僵化，更疲惫，更怀疑自己。

一旦规律知道太多，就容易熟练于技能，变得"看起来很厉害"，反而内核就软了。反正翻来覆去就那么些，应用到工作时，无外乎就是各种排列组合，搞来搞去让人越来越疲倦。

而真犹如猛虎的人，却是倔强而愚钝的，永远像一个孩子般充满新鲜感，充满对未来的凶狠感。所以规律也好，道理也罢，年轻时稍稍知道些就好。更要紧的是力量，是执着，是盲目地努力下去，是生动紊乱的柴米油盐。

体验，而不是智慧，或许才是生命的本质。

　　※

每个人活着都有自己的苦。

有些人一身虎胆，从小便把一颗狂热的心挂在外面，走南闯北、上天入地，早入社会，早沉商海，早结婚生子，到头来却依旧不快乐，只觉耗损得格外厉害。

或许某一天某个道理入了心，就有如打通了任督六脉，终于变得通透了。就好像天天闷头吃肉，终于饮了一口仙气，在腥钝之中注入一股清凉。

但有些人，像我这种，天生便知道怎么保护自己，天生便明白见风使舵，天生便擅长掠过现象看本质，精细、谨慎却是另一重苦。

就好像天天吐着仙气活在一个空气稀薄的地方，过得不算太差，但总觉得少了些什么。幸亏人是活的——到了某个阶段需要什么、该往哪个方向走，都会有感觉。就像身体要什么就会想吃什么，是一种本能。

所以现阶段的我已受够了"心智成熟"的无力，也过了那个自以为自己很聪明的年纪，不再把"你很聪明"这种话当作褒奖，整天唧唧呱呱发表长篇大论了。

毕竟生活每天追在你后面，问你：你拥有了什么？

是啊，你有什么了？在这座偌大的城市之中。

在"有"字写满之前，人是体会不到"无"字到底有多轻的；在走完"色"的轮回之前，人是感悟不到"空"的存在的。

物质的"有"是一回事，更多的是情感和关系——有多少朋友，有多少真心，有多少实实在在的回忆，有过多少无怨无悔的付出，有多少深刻复杂的体验？

和生活，发生过真实深入的关系吗？是否有过一个瞬间，你悦纳了现在的生活？

想要的太多、看得太远，反而很容易失掉现在。

所谓的"落地"，或许就是不再带着特定的目的去结识朋友，尊重身边每个人的好与不好，把每段缘分都视作一种可能，珍惜每一个不同背景、不同财力、不同地位之人的善意。

不再用"我想要怎样的生活""我要得到什么""我必须结交×××"这样狭窄的理念去框死生活，而是用开放的心态 像一条河流般，心甘情愿地下沉、下沉、下沉。

每一次悉心聆听，每一顿饭，每一个拥抱，每一个挂记，每一次原谅，都是缘分，都是珍贵，都是没有分别心的好。

　　　　　　※

　　如果人有回头的习惯，便会发现：许多东西只有在回头感受时，才会丰盈完整。

　　在当时，即便你再努力去预测、去规划，始终只是个干涩的模子，它没有热气腾腾的血肉。

　　那个东西，叫作经历。这种"落地"的理念也影响到了我的写作思路。

　　无论是爱情、事业，还是人性等各种宏大课题，一路走来，读者会发现，我已渐渐不再去轻易谈论它们了。不是不想写，只是越来越"写不起"了。一两句话，一两篇文章就想将庞大的生活勾勒得完整吗？

　　很多东西在你没有认识得很透彻之前是不足下笔的，那只是思想上的想象，又是一种"心智走在现实前头"的虚幻。

　　真正的写作，并不是粗暴地归纳生活，而是抽取它，把生活的横截面细细展开、品咂、深扎。不是功利地直取那个唯一的本质，而是从芜杂的现象中探寻更多暧昧、更多可能、更多答案，这才是写作的意义。

　　就像上个月我在咖啡厅里偶遇的一幕，只是一个再稀松平常的场景：一位离异父亲与4岁的女儿见面，带孩子来的是前岳父岳母——孩子的外公外婆。年轻爸爸很帅，花臂、大背头、皮夹克，提着一大包玩具早早就到了。单亲的女孩无忧无虑，既生疏又甜蜜地看着这个或许几个月才能见一次的帅气老爸。

　　两人之间是一种陌生化的奇异气场——爸爸送玩具，女儿拆玩具，爸爸认真看着孩子玩玩具，爸爸抱着孩子让前岳父岳母帮他们拍照……这种最日常的相处，竟非常具有仪式性和顺序感，好像排练过了很多次。

一双老人拖着孩子的水杯、外套、踏板车、零食，有一搭没一搭地和前女婿聊着，有些无聊，时不时看着手机上的时间，大概在想什么时候带孩子回家。

为什么只能在咖啡厅和女儿见面？年轻夫妇分手后，孩子和外公外婆过得快乐吗？结束之后，爸爸是否还要去与年轻女孩约会？离开了丈夫的年轻妈妈，是否还会相信爱情？一双老人承担着一切，面对伤害过自己女儿的前女婿，是怎样的心情？

……

我始终忘不了年轻爸爸看着孩子的眼神，想抱抱孩子又不知道该怎么亲近，那种一半是孩子一半是男人的状态。买的全是高级的儿童玩具，点的全是贵的甜点饮料，拼命想弥补，却始终无法踏踏实实过日子。

这甚至让我想起了我的爸爸妈妈，他们年轻时追赶时髦、激烈争吵、有梦想和诱惑，在青春里分分合合，这是他们成长的过程。

有太多太多旁枝末节，而这不过是生活中最常见的一个场景。

我们不能粗暴地对待生活，唯有只取一瓢，管中窥豹。不仅写作，也是自己对于生命的戒语。

对那些看到了，却还穿不透的东西，告诉自己：迟早会穿过去的，不是用思想，而是用血肉之躯去穿透，真正融入自己的人生。

谁不是既贪恋热闹，又怀念孤独

内心不死的欲望始终是疲惫生活中的最大支撑，支撑着自己在这座城市努力下去。

※

我最近一直在纠结是否要换个房子住。

在北京就是这样，同样的预算，想要住大一点的房子，地理位置便偏远得要死，离市中心近一些的，价格就贵得要死。

对每一个北漂来说，这都是两难的选择。

市中心——拥挤、方便、时髦、娱乐设施齐全，下班可以跟朋友找个地方吃饭、喝酒，回家也不觉得着急。周末在附近的咖啡馆写作完去上个瑜伽课、逛逛商场、看看电影、买买小食，沿着马路走回家总有一种闲逸的安全感。

这种生活是热闹的，却有一种深深的临时感。在有限的预算里，你要么与人合租，要么得背负大概每月5000元左右（可能房子还比较陈旧）的压力，来享受这么一种奢侈的便利。

郊区——安静、宽敞、自足。同事家在通州，我在那住过几天，两室两厅的居住条件和在故乡毫无二致。那是一种家的感觉，可以把自己所有的注意力都落定在室内每一件琐碎物件上——锅碗瓢盆、毛巾被褥、水果食材，布置得踏实而讲究。

但不足也很明显，回家就像回到另一个世界，到市中心参加一个活动坐了一个多小时的车；与其说这是地理上的距离，不如说是内心的距离感——一到日落就开始盘算早早归家，有一种牵绊和不安全感；平时尽量不折腾，在家附近走走就行了，北京再热闹也与己无关，所以这种生活是不存在什么风险的。

这或许代表了两种选择：热闹和宁静，冒险和安定。

　　※

我想，能狠得下心死磕在城中心的普通青年，大多是既想冒险，又害怕孤独的人。比如我。

熬在市中心的北漂，都喜欢用一种小资的眼光描述自己的生活，毕竟谁都不乐意把生活破烂的一面掏出来给人看，更不愿意直面自己的虚荣。

只是作为一个写作者，会多出一重客观看待的勇气，拿自己开刀。

说实话，居住在市中心并不容易，便利是便利，但那只是一种外在的公共氛围，和你自己的生活并没有太多关系。人会贪恋某种公共氛围，说到底其实是渴望被外界接纳的。

心始终在外面，落不到生活实处，每一处细节、每一分每一秒总飘在空中，恐怕连睡着的时候都是紧皱眉头的。

不是不想落下来，只是生活在繁华市中心，在柴米油盐酱醋茶的琐碎里，还要追求精致和安逸，这简直是奢侈。若非人到中年有足够的财富积蓄，一般年轻人是很难做到的。

内心肯定是有些煎熬了，局促的居住环境与外界的繁华形成了一种鲜明的对比，隐隐约约有一种羞耻感。

这种感觉也会让人心里生出一团烈火，让人们对更好生活的欲念分外强烈。急切地想要努力拼搏、赚钱。

这些年轻人目的明确——拼命赚钱，也拼了命地花钱，耗损在一种浪漫主义的壮烈中，略带虚荣，不接地气。我身边有很多朋友都这样，身兼数职的斜杠青年占了大多数，合租在市中心，赚的钱都花在了旅游、健身、美容、进修这些乱七八糟的事情上。

说不靠谱吧，人家确实很靠谱，聪明努力野心勃勃，赚得并不少；说靠谱吧，也不那么靠谱，不懂得精打细算，存下来的钱还不如一个月几千的工薪族省下的钱多。

只是，他们中的每一个人都对我说：今年在这里住，明年要换一套更大的，后年换一套更大的……生活就像租房的目标一样，被默默切割成无数个经济上的目标，支撑着他们每天的拼命和厮杀，却从没有一个人说：我要搬到郊区去。

※

也不是没有想过换一种生活——到安静的京郊，有宽敞的房间和充足的阳光，可以精心布置自己的房间，可以给咪酱（我的猫咪）更多的活动空间，下班就可以早早回家，周末可以宅在家中做做饭、看看电影、写写字、泡壶茶，真真正正沉下来生活一把。

那种自足的孤独感，确实是我向往的，但不知为什么，始终没有落实下来。

宁愿在旅行途中找一个小地方安安静静地待几天、几个星期甚至几个月，却始终无法真正定下来。

我喜欢孤独，却并不想真正抽身松懈下来，原来自己爱的只是"热闹中的孤独"而已。

看过陈坤写的一本书，他赚够了一笔钱便在三里屯买了一套房。为什么要买在三里屯这么热闹的地方呢？这是虚伪吗？

并不是，这只是最真实的人性。既贪恋着热闹的条件，又想能时时刻刻退回自己的孤独区域，这确实很美好，谁不想拥有呢？

贪念孤独，却放不下实现自我的机会；觊觎热闹，却又无法放下清高。这大概是所有人内心真实的想法。

一想到要真正远离喧嚣、放弃可以得到更多机会的生活习惯时，我就多少会有些不安。因为我非常明白，内心不死的欲望始终是疲惫生活中的最大支撑，支撑着自己在这座城市努力下去。一旦这种欲望死了，留在这里的必要性便也没了。如果是在这里过着故乡的生活，为何又不早日回家？

要的东西太明确，太难兼顾又不甘心放弃，除了一步步逼自己坚持和努力，并无二法。

　　※

人不是败于生活，而是败于自己的性格。生于其中，却又想彻底打破它，就像拽着头发把自己提起来一样难。

性格是一种本能，它驱使着你重复性地爱上某一类人，即便你知道他们有一万分不好；驱使着你选择着当下的生活，即便你知道它有一万分不利……却依旧像上着发条般步步趋近，无法控制。

所以人常说，性格决定命运。

就像我曾经做过的很多次努力，去一个安静平和的地方生活，却又一次次失败了。是因为我放不下。源于自己性格中的爱冒险、贪慕虚荣、功利和倔强等特质，让我在没实现一些东西之前就不能孤独，不能放弃力量，彻底松懈于柴米油盐酱醋茶的琐碎人生。至少它们还不属于这个阶段的我。

　　在每一个表象底下，都埋着一条长长的伏笔；每个人选择一种生活，都根植他的性情。

　　虚荣也好，淡泊也罢，其实并没什么好与不好，只是千万要认清自己是谁，别违背了自己的真实欲求，别羞于承认自己是谁。

　　能这样了，活着就不算可惜，就不算拧巴。

简单，所以迷人

如果不懂这个世界的无限性，不懂人性添油加醋的本性，我们的影响力是无法获得自发传播的。

最近，网络上又刮起了一阵"断舍离"之风。

对于极简，我始终有一种情结，比如言语的及简——沉默。

　　※

古人说：言多必失。是有道理的。

人有一个特点，叫选择性健忘与选择性精明——我们总是很快忘记自己曾说的话，对别人的一字一句却铭记于心。这就造成了一个问题：话说多了把自己绕进去还不自觉，而别人早已拆穿。

原理其实很简单：很少人能真正做到一字一句都想好再说，人讲话的大部分时刻是无意识的，话语像弹珠般从口中滚出时，脑中几乎并未留下什么痕迹。

只须回想一种常见的现象——当我们从录音机里听到自己的声音时，第一反应往往是陌生感：这个声音是我？

这说明了一个问题：我们对自身话语的有意识关注其实很少。声音如此，更别提话的意思了。

此时此刻，从我口中说的每一句话，它们的目的是什么？我想要表达什么？拥有如此强大自我干预意识的人，少之又少。

但当我们在听别人讲话时，对方的话是"撞"进我们的意识的（除非特别枯燥的内容），我们不得不调动意识去容纳它、消化它，因而在脑海里撑开了一些印象空间。

如此一来，当一个人的话语信息断断续续进入我们的听觉系统时，我们会不自觉去印证他前面所说的话，因为人有一种联想和逻辑化的本能，所以更容易发现人言中前后矛盾之处，尤其反侦察能力强的人更是如此。

我总提醒自己，别说太多散在半空中的话，别做出毫无下文的承诺。

※

话越少，越深刻。

《思考，快与慢》这本书中写道：如果你在意自己在别人眼里是否值得信赖，那么说话最好言简意赅，能用简单句就别用复杂句。

深以为然。

一方面，人对于不了解的事物，总抱有着一份敬畏。在生活中，我们对话少的人总是多几分客气，对那些上赶的人则多了几分肆无忌惮，大概是知道这个人的底线在哪个位置。

话少，就属于人生之"重"的那一侧。它需要调动思考，不那么让人舒服，不那么轻易获得，有着神秘无限的一面。而话一多，人就显得轻浮了，也是这个道理，一个人话越多，那个隐没在无限想象里的东西就没了，留白就少了。

如果不懂这个世界的无限性，不懂人性添油加醋的本性，我们的影响力是无法获得自发传播的。

　　　　※

把动嘴的时间，留给动脑。

回顾自己生活的时候，我们总会发现，生活里的大部分话语，都是没有必要的。话语，有时候真是一个泥淖，而真正能产生作用力的话语，寥寥无几。

人活着，一直在平衡理智与感性，有意识与无意识，快与慢。

小时候我说话速度很快，加上思维连贯性太强，连带着情绪起伏，很多时候语词字句噼里啪啦就出来了，回过头才发现：我说了些什么？说这些又是为了什么？

烦冗、轻飘、软绵——人就是自身话语的总和。

有些人的话如同缰绳，不多，却能准确套住事物的脖颈，稳稳操控方向，徐缓交替，有松有紧。

每每如此，我总忍不住想，得有多强的自我干预才能站在话语之外，导演自己的每一段话？

或许，最重要的并不是刻意安排每一个词句，而是一种思索的"慢"习惯形成的一种应激反应——在谈话之前先调动起足够的知觉，思考这段谈话的目的是什么，可能会有什么问题，围绕这种意识去吸收和引导别人的话语。

同样，当你开口的时候，要弄清楚接下来出口的话是为了什么，是为了引出更多讨论，还是得出结论。如果是为得出结论，获得的信息足够多了吗？若还不够，就需要再次通过话语引导出更多信息。

每一句话，都有着对应的使命，所谓惜字如金，大概如此。

　　※

你可能觉得这样就把语言工具化了，但人生何尝不如此。

感性是温暖的，理性是实用的，作为凡人，该钻营的东西，仍旧要去钻营。内心的感性需要保持，处世的武器还是要打磨，软硬都得有一些。不管什么主义，终归是为了活得更好，不是吗？

出场方式，决定了大部分关系的结局

不得不承认，对成年人来说，能进入生活的重要关系，第一位一定是善意的、靠谱的、合理的、稳妥的、健康的。

以前，对于人与人之间的关系，我始终抱有一种命中注定的观点，相信一段关系的成和败，取决于两个人的本质，而不是其他。

大概是坚定地认为："真"的东西，没那么复杂。后来才发现，原来自己并不懂人性，实际上决定了一段关系结局的大部分是出场方式。

首先，人有太多面相，他们的欲望是无限的。

2011年，一款叫作陌陌的APP横空出世，一炮而红。

当时我正在一家小公司兼职做社交媒体，领导让我下载个陌陌体验产品。当作一个实验，我在观察过几次后，发现了个有意思的东西：人有很多副面孔，很多时候只是没有出口释放而已。

陌陌上的人形形色色，大部分是狩猎者——男性。细细看过一些人的资料，也听过很多人倾吐的隐私，甚至接到了一些光怪陆离的要求。

很多人都说，用陌陌的人都是渣子。

除去价值观上的评价，往深处去想——有句话说，存在即合理。所谓合理，并不涉及道德，而是说，存在着一些客观条件促成一个事物的形成。

那么，陌陌的合理性是什么呢？

人，一直存在着多重面相；人，对多种可能性的贪求；人，在多重角色之间穿行的能力。

第一次打开产品界面，一看通讯录：嚯，全是我平时认识的人；再看附近的人，也是我认识的人。

陌陌的用户，不是外星人，也不是凭空被这个APP创造出来的，他们本就是生活在我们身边的人。

这些人在工作里是严肃正经的同事，回到家是听话孝顺的儿子、老老实实的老公、爱心满满的爸爸……人始终都是这些人，但只要到了陌陌上面，就容易换一副面孔。

其次，出场方式，决定了大部分关系的走向。

有句话说，越爱一个人，越不要去考验人性。

我深以为然。

人性不是一颗有棱有角的小石子，用手掌就能完全包住，它更像是沙和水，有太多可能性，你只能引导，终不能预测。

别说别人，很多时候我们连自己都难以预测，不是吗？

我们想要的东西总是太多：稳定的东西想要，刺激的欢乐想要，物质想要，真爱想要，忠诚想要，欢愉想要，自由想要，社会地位想要……人的这种不纯粹性，决定了一段关系的多种可能。

残酷的是，在一个时空里，我们只能在某一个角色上固定下来——母亲、父亲、上司、同事、朋友……反过来，对别人，我们能"占据"的也只是属于他的某一个角色，而不是全部。

我时常问自己一个残酷的问题：你真的了解身边的人吗？

答案是：不见得。

无论朋友还是家人，我都不敢说自己完全了解他们，时常会发现他们溢出某个角色之外的一些品性。

是的，角色的边界。

在大部分日常里，我们的角色都是秩序井然的，但有时候角色与角色之间会有一些模糊地带。

每个人都是历史的、立体的。在父母、朋友、爱人、老板、同事这些角色之外，我们还有更多的生活，也有更多的角色，有权让你知道，也有权不让你知道。

即便是父母，我也时常抱有这样一种观点：生我之前，他们有属于他们的青春和疯狂；生我之后，肯定也有很多不属于我的秘密和挣扎。

对那些模糊地带，我从不计较，更不会多想，因为我明白：父母的角色，只是他们人生众多角色之一，他们的生命，不应该仅仅围绕着我。

既然人一生里的角色有那么多，我们只能"弱水三千，只取一瓢"，所以回到开头，就会发现：人与人的关系其实并不存在太多命中注定，更多是一种选择和引导。

你以什么方式出场，就会收获到一段怎样的关系。

这个道理放之四海皆准。

建立任何一种关系（交一个靠谱的男朋友、认识好玩的朋友、长期的业务伙伴等）都要提前想好这段关系的目的是什么，然后安排合理的出场方式。

因为不同的角色，会对你的出场方式有不同的期待，要去符合这个东西。

听起来冷漠，但人性就是这样。

再次，在成年人的世界里，稳妥的出场方式是让对方相信这段关系的合理性。

我经历过一些因为出场方式不恰当而造成的错过。很多时候，我们自以为正确的出场方式，在别人看来却是不靠谱的、陌生的、奇怪的、不符合预期的。

身边有一个朋友，与一位年纪稍长的男性恋爱了，感情之路走得很艰难。她经常问的一个问题是：既然互相喜欢，又是单身，为何不能好好在一起？

很难说她对爱情的理解是错的，这个东西没有对错，只有阶段性的差别。

从前我跟她是一样的，后来发觉自己发生了一个可怕变化：相比起"感觉"，我开始相信一个无情无义的东西——合理性。

只有彼此能给对方提供一种"你们的感情合情合理"的印象时，才能放心地在一起。这个东西，就需要经营一种合适的出场方式。

不得不承认，对成年人来说，能进入生活的重要关系，第一位一定是善意的、靠谱的、合理的、稳妥的、健康的。

再炙热的美好，都不如一种稳稳的合理性。

不去评价这种保守心态是对还是错，但人年纪越大，就会越来越喜欢分析，而不是依靠感觉，会死死抓住这个东西：合理性。

为什么跟你在一起？为什么选择跟你结婚？所有的适不适合，都属于合理性的一部分

我那个朋友，她爱得很真，很诚恳，却无法跳出自我的感受，去营造一种让对方认可的出场方式。

即便一团炽热、任性可爱、韶华逼人，却依旧不足以让一个成年男人选择她作为妻子。

有句话不是说，出场顺序和出场方式决定了人与人的关系，它才是缘分的本质。这也是我们不得不接受的，属于人性和命运的暗黑之域。

最后，对人性抱有一份清醒的悲观，它会让你活得轻松些。

人会失望，因为我们总在迷信一些并不存在的完美，相信能从始至终保持美好；相信一个人拥有纯粹单一的面相，能安然固守于一个唯一的角色。

但无论是时间上的永恒、面相上的纯粹，还是角色上的单一，对人来说都是很难的。这是个难以接受的真相，因为千百年的传说、爱情故事都建立于梦幻之上。

但当我们看明白了这个现实，本身就是一种解脱。

我的文章，很少会用"好"和"不好"去评价一些东西，它们只是存在着的客观原理。

在对人生的认识上，我们只需保持清醒，看得见这些原理。只要看

得清，人就会活得轻松些。

人的苦，并不来自事件本身造成的伤害，而源于你心里前前后后所波及的影响

提前看明白，当意外降临时，心就像铺了一层软软的海绵。一步踩下去，顶多脚痛一下，免去了心里"咯噔"的苦。

理智带给人的好，大概就在于此。

别人没说出口的话，才最心知肚明

没有。没有人能进入你自己的过程，给你最有效的建议，没人能做得了你的"导师"。大部分人要么碍于面子，要么心有余而力不足，只能说一些表面的话，真相就是如此。

※

有一天看《奇葩说》，主题是：人该如何面对生活里的暴击。

辩手邱晨说了一件自己的事：她从小想做画家，连续考了3次美院都失败了，后来她自然而然就放弃了，成了一个正常的上班族。

这是一个微不足道的"失败"案例，甚至谈不上挫折，在大部分人看来她不过是一个傻乎乎、坚持错了的小姑娘。

这样的事，我们每个人身边都有无数。读书时有人想考某名校，考了一次不过考第二次，第二次不过考第三次，最后只能回到庸常；工作时有人跟我说他也想写公众号，写了两篇、三篇甚至十篇以后，依旧无人问津，他便默默放弃，不再提及了……

这些平凡人内心的起伏，有些人是一时兴起的，有些人将其作为自己所有的希望，但在外界看来都不过是毫无声息的寂灭。

因为梦想在实现之前，大多只是笑话而已，踏踏实实地认命才是正轨。唯独当梦想实现了，坚持才成为一件勇敢的、有价值的事情。这个世界就是如此功利。

实现个体的梦想从来只是一件小概率事件，只有极少数人才能得到眷顾。

※

外界的人都对你说：要坚持你的热爱啊，加油哦！就差那么一点点啦。

但当你跳出做梦者的角色来审视现实，就会发现：邱晨故事里那个小姑娘，才是大多数人的结局。

我是幸运的，有些东西只要试试，心里便会有感觉，知道自己是否适合。但很多人会格外依赖外界的评价，不知道是否应该继续往下走。

这个世界往往很伪善，很少有人告诉你大实话。不会有人在你失败了第三次的时候直截了当地告诉你：你可能确实不适合×××；不会有人在你一开始兴冲冲的时候，帮你分析那个目的本身的不合理；不会有人以过来人的身份告诉你，完成×××要牺牲多少，帮你刺破那些心血来潮；不会有人帮你识别那个真正寄托，一次次按住你想要放弃的想法，给你坚持下去的力量。

没有。没有人能进入你自己的过程，给你最有效的建议，没人能做得了你的"导师"。

大部分人要么碍于面子，要么心有余而力不足，只能说一些表面的话，真相就是如此。

就连我自己也常常对别人说一些违心的鼓励：加油，坚持，你一定可以。

时常有朋友对我说想写公众号，想立刻变现，想立刻写出爆文，我什么都不能讲。我不能教育他：真想做成一件事情，出发点一定不是为了变现；我懒得跟他说写作是个多么累心的事；我不会告诉他最初半年为了日更，每天半夜2点后才睡；不能告诉他我已经有一年每个周末不敢离开电脑，没出过远门；不能与他分享即便牺牲一切，没有任何收入，光写作就已让我开心；不能告诉他那些所谓大V、自媒体人早已写作多年，冰山一角下是庞大积淀而非偶然……

即便心里清楚要实现一丁点自己的东西，所需的天赋、长时间积累、高消耗的长期聚焦会非常多，我依旧不会花力气去对任何人解释。

因为没必要，也没有这个义务，人与人之间注定是独立的。这是一种看似冷漠，却最为平常的人性意识。

我对别人如此，别人对我也如此。

如此穿越于不同角色之间的体会，我便也渐渐清醒：那些别人不会对我说出口的话，我是不是也真的心知肚明了？

　　　　※

我们早已习惯顺着活，顺着别人的指令来工作，顺着别人的美言来宽慰自己，顺着别人的评价来支撑自己。

依傍着一切看得见、摸得着的"有"，很少逆着去面对背后冰冷的真相。

每当我问自己：当别人只是敷衍你的时候（或午并非有意），你感知到了吗？当别人只是出于某些原因夸奖你的时候，你心里清楚吗？当别人阻挠你做一件事，却是囿于他们的视域时，你能看透这一点吗？还是你就这么统统接受了？

答案让我倒吸一口凉气：恐怕大部分时刻是的。

　　　　　※

被人夸赞纵然舒服，但多少是有效的？多少只是表面之语？多少时刻，别人只是可怜你的处境，不忍直戳现实，只能变着法子安慰你？

当父母阻挠你离开故乡时，他们是爱你的，但不见得最懂你和你所处的时代；当我们哭着倾诉，听完了柔柔软软的宽慰，别忘了还得亲自拔了那根肉里的刺。

我们与真相之间隔着的东西太多了。有些是有意的恶，比如故意欺骗，另有目的；有些则来自善意，比如善良的谎言，可爱的安慰；有些是出于礼貌的场面话，比如轻而易举的一句"加油"。

人就深埋在这些深深浅浅的"欺瞒"里，无所谓好坏，它们只是像雪片一样日日夜夜洒落下来，是我们无法控制的人情人性。

顺应它们活着，自然舒适，犹如踩在软塌塌的棉花上。只是踩来踩去都是原地踏步，无法进步。

因为最真实的，往往是那个你最不愿相信、最伤人的。

"他还不够成熟，现在还理解不到你的好。""加油，继续努力！""你身边的人都不行。""你已经很努力了，就是没有机会。"……这都是宽慰。

"他不爱你。""你不适合这个。""你人际关系处得很差。""你没有上心。"……这是没说出口的真话。

只有真话，才会让你感觉到痛，才能让你行动起来。

156

我们能做的，唯有目光锐利——多一分自知之明，清楚自己毛病在哪里，该截肢的截肢，该行动的行动；多一处感知之窍，把一些美好的甜话反过来尝尝，直面自己的残缺。

一切还得自己动手，别怕痛。

每一个活出自我的人，都曾深深讨厌自己

去找到爱上自己的理由，或许其中的一个会如星星之火，燃遍你的整个生命。

※

读过很多个关于"出走"的故事，印象比较深的有虹影的《饥饿的女儿》，书里讲了一位年轻姑娘与家庭故乡之间的往事，一个孤独灵魂逃离原生环境的故事。

在很长一段时间里，我一直觉得"出走"就是改变命运的方式。

出走这种行为，大多源于讨厌自己——如果不够讨厌自己，一个普通人恐怕很难爬出伦常的泥淖。

憎恶，是一种难以估量的力量。

每每看到一些改变自我的励志故事时，我总忍不住想：一个人要能奋起刮掉自己的一层皮，大概是真够讨厌自己了。

若非如此，为什么当他们诉说过往时，总要将过去描述得那么不堪和无能呢？不过是为了向世人宣告：我已经彻彻底底离那个失败者很远了。

※

　　20多岁，是注定要拼命耗损的年纪。

　　一方面是灼人的饥饿感——我们开始看到更大的世界，更多的精彩，更多种诱人的生活方式。

　　"那么多种好的活法，我都想要啊"，但每一种客观世界的美好，都一次次逼我反观自己的拙劣：通往理想生活的每一条路，都是需要入场券和武功技艺的。

　　另一方面则是眼花缭乱的各种可能——有时候想养条狗，开个店卖衣服；有时又鸡血满满立志做个职业经理人；时而羡慕那些自由撰稿人，时而又被自律深刻的理念所鼓舞；与自在散漫的人相爱，却又被厚重刻板的人吸引；即将在一种常态中驻扎下来，却又被吸入另一个漩涡……

　　所以，人年轻时好似演员，总是矫枉过正、柔软过人，尝试成为各种各样的人，一会这样一会那样。

　　太想离开自己这个模子，又贪恋每一种美好生活的可能性，于是便产生了一种"只要我想要，就会适合我"的错觉。

　　但其实并不是的。

　　※

　　我总在想一个问题：人活着的根本动力，是源于对自己的讨厌还是热爱？

　　正如开头所写，我曾以为是讨厌。

　　因为不满意自己才想突出重围，从古至今的历史人物传记都是如此，蜕变的故事并不轻松。

但后来发现，人也是有可能因为热爱自己，才跟生活较劲的，但那是第二阶段——先讨厌过自己，穿越无数折腾、浪费、伤痛，终于寻到自己之后的那个阶段。

正如那些出走的故事里，倔强的主人公最后都归于平静，重新爱上了自己。

但这种爱，不是20多岁的狂热，而是类似复婚的温情——一个人负气出走了很长一段时间，又重新回来找到自己。

从此以后，他们的生命动力也发生了改变：从讨厌变成了热爱自己。

当一个人因为热爱自己，而燃起熊熊的战斗力时，是非常幸福的，因为它不再是盲目打转，而变成了精准笃定。

人知道自己在为何而拼命，这是莫大的幸运，终于从偶然性的失序世界迈入了必然性的理性世界——就像先把锚抛到一个目的地，然后只需顺着绳子使劲就行。

　　※

这种时刻，在我现阶段的生命里很少，大部分时候我依旧较劲拧巴着，只有几个瞬间会有那样的体验：

比如写作时，我是爱自己的。因为坚信写作会给生活打破一些什么，所以愿意朝着这个方向拼命努力牺牲一切，所有能够打磨自己感受力的事物都愿意尝试。

在这种努力的时刻，人是自足的，非常幸福：因为我既看得到希望，但又不求结果。

当有这样一种感觉，我相信就对了——因为你终于在自己身上找到了一丁点与众不同的地方。

人真的好渺小。这个世界充满了太多的相似性，以至于我们的生活几乎都在复制别人的经验，你压根不知道自己是否适合，真明白时，年纪又过了一大半，生活早把你死死按住，全是责任关系，动弹不得。

所以但凡人有那么一丁点自信，抠到这个圆滑表象世界的一丝裂缝，找到打破这一切的一丁点希望，你都敢鼓起勇气对世界叫嚣，做一些勇敢的事，不顾一切，哪怕结果并不会如你所愿。

这就是看得到希望，又不求结果。

※

人会苛求结果，是因为我们还不够勇敢。

这个勇敢，不是一个空洞的词汇，而是没有找到那个让你足够勇敢起来的东西——那个核，那根坚硬的骨头，那个撑起你的全部气场和力量的东西。

所以大部分时候我们只能精明、软弱地通过计算一些东西，以证明自己真的得到了想要的一切。

但知道自己要什么的人，是根本不计后果去努力的，努力是目的，结果只是附属品。

或许我们还停留在第一个阶段，那个深深讨厌自己的阶段；或许光已经从缝隙透过来，那些自足的时刻正在产生。但别放弃和妥协。

去找到爱上自己的理由，或许其中的一个会如星星之火，燃遍你的整个生命。

你是谁就是谁，不必偷偷摸摸

一个人一辈子能获得的最深刻的体验，便是充分做了回自己，仅此而已。

很久以前，我曾写过一篇文章，叫《有秘密的人》。

大概意思是说，一个没有秘密的人是很无聊的，这说明人的性情没什么层次，私人空间、人际关系都很单一，算是给秘密这个词洗白了吧。

人跟生活，就像把一只八爪鱼扔进油锅，正面炸完翻个面儿炸。一个人吸收力越强，与生活这滩热油接触的面就越多，最后五爪伸开，褶皱里炸得金金黄黄，深深浅浅，全是故事和秘密。

我或许算是一个有秘密的人，大概是心里弹性比较大，能接受的事物和关系太多，所以很难从始至终恪守于某一种活法。

这样一来，身体里便有了很多互斥之处。

　　※

很长时间，我不知道如何跟自己和平共处，因为躯体里装了太多个灵魂，各自笃定着不同的信念。

这些信念一会告诉我：你该阳光入世一些，早睡早起，制订目标，按着阶梯上升，做一个自律的现代好青年；一会告诉我：你该正视自己，释放心底最深最暗最灵的那个东西，不要走其他人的路；一会告诉我：活在当下，生活高于一切，粗暴放肆去活吧，道理一边去！

我总显得很善变：去年还在狂啃经管科技的书，今年就变成了想写故事的人；三月还是一幅兢兢业业的样儿，五月就成了一张随便不羁的脸；刚刚决定要做一个乖巧安静的姑娘，没多久就打回了驼背分腿而坐的模样；有时决定定下来一段稳定的关系，但真要降落的时候又一脚油门飞到了空中。

对天发誓，我每一次开始都以为会是永远——"洗心革面，重头再来！"但试图用一种一致性彻彻底底驯服自己，却总是归于失败。

在别人看来我很无常自私，但对我自己而言，则是一种被迫的释放——身体里住着这么多个小人，我必须让他们排着队一个个放出来生活一段时间，否则真的要爆炸。

大部分人的生活是某种一致性，拥有一种凝聚力人格，但我没有。

每一次调动全身，卯起力量去做一件事情时，我心里清楚得很：那不过是身体里某一个小人暂时在起作用，巅峰很快下去，我会再次变成那个涣散慵懒的自己。

　　　　※

在这种状态下，我不由自主活得有些偷偷摸摸，遮遮掩掩，顾全大局。

顾全什么大局啊？是啊，我也曾问过自己，在顾及什么？

想来想去，不过是一种外界印象：不想让别人看穿我的分裂性，总希望对外营造出一种表里如一、前后一致的印象——"嗯，她是没问题的，不是支离破碎的，是一个'正常人'。"

长久以来，我偷偷摸摸试图经营的，不过就是这么一种外界印象。

毕竟，谁都不想被当作一个怪人：身处这里，心却在那里，过着违逆此刻身份、年纪、地位等等那些标注着"你应该是谁"的生活。

虽然我们也不知道这些东西是谁定的：为什么快30岁的人就必须结婚？为什么没存够钱买房，就不能挥霍去做一些别的事情？为什么生活没有稳定下来之前，就不能去疯狂活着？为什么必须要完成×××，才能完成下一个×××？为什么我朝九晚五地工作，就必须在私底下也是一个正经的人？

这些线性的顺序，这些暗示着"你应该"的逻辑，是谁规定的？又为何要遵循？谁推着你走在一条并不清晰的路？

人一无所有时，总在追求一些心安理得的东西，但当你拥有了所谓的稳定，才发现早已失去了真正去体验的能力。

※

我现在在做的一个功课，便是返祖：做一个孩子，回到最简单的状态。

我就是我，里里外外都是我，矛盾的我，破碎的我。面对任何人都是这个我，不是某个单一标签的我。

一个人活得偷偷摸摸，本质是想要的太多，才一次次委曲求全地去做一条变色龙。

在遮掩什么呢？害怕别人看穿你的另外的一面？害怕你此刻扮演的角色露出马脚？还是害怕自己苦心经营的形象坍塌？

从小我是擅长这些的：老师面前一个样、同学面前一个样、家里人面前一个样、朋友恋人面前一个样，甚至在不同场合都能最大化进入所需要的角色。

贪图在每一个时刻里都成为那个最正常的角色，但实际上人是不可能什么都要的。

结果只是对自己的不诚实，该拒绝的不忍拒绝，该争取的畏首畏尾，想要的东西越来越模糊。

我猜这样的人并不少，从他们的眼神就能看出来：那种明明想要，却又黯淡下去的眼神。

没必要。

无论环境怎样变，你要面对怎样的人，你就是你，对上对下对强对弱对爱对恨，对熟悉对陌生，对有用对无用，都是这个你。

一个人一辈子能获得的最深刻的体验，便是充分做了回自己，仅此而已。

有人爱你，也有人讨厌你，那又何妨？体验远极致，这就够了。

事实上，当内在足够坚硬笃定，你与生活碰触的那个边缘，自然会柔软起来，它会退让出你应得的空间。

相反，你越是偷偷摸摸、畏畏缩缩，生活给你的只是一记"你谁都不是"的耳光。

是时候换一种活法了。松绑吧。

以前活在道理中，后来去了故事里

后来，才明白「不以物喜，不以己悲」

美好的事物太多，但我们不能全部都要

那些定义着你存在的瞬间

成为别人，终不是长久之计

不压抑的平静，才是回到了自己

最漂亮的人生，是让别人尊重你的独特性

只有浅薄的人，才能将自己一眼看穿

第五章

最漂亮的人生，
是让别人尊重你的独特性

以前活在道理中，后来去了故事里

不要再害怕生活，不要再抗拒感性，不要再用道理过早地武装自己，不要在二十多岁的时候将自己隔绝于故事之外。

　　　　　　※

有一天晚上我失眠了，一个问题再一次从我脑海里冒了出来。事实上，这个问题困扰了我很久，它关于阅读。

想了解一个人是怎样的，就得看他读过什么书。这是骗不了人的。

我们正在读什么，此刻我们就是什么。之所以说"此刻"，是因为人是会变的，所选择的书也会变。

自从上大学时选了一个硬邦邦的专业，我便对理论产生了浓厚的兴趣，毕业之后更是什么理论都看，艰涩学术的、商业畅销的、励志心理的、社科文化等等，越抽象的我越爱看。

这样的阅读习惯大概持续了三四年，啃食了一些纵横捭阖的读物，在理念的肌理之间穿梭来回，一度沉迷于此。

这当然也影响到了我的文字，所以微信公众号早期的文字都比较理论化，带有一些决断性，喜欢用断论式的话语，讲究条理。

大概在一年之前，我的状态忽转，时常有一种预感：依靠道理这条道路去创作，迟早要走到尽头，如果还想继续挖掘生活，应该换一条路。

从那个时候开始，我转而关注文学、故事、生活细节，关注种种具体现象，像一个刚出生的婴儿，重新爱上一切热气腾腾的细枝末节，从理论中走了出来。

于是后来的文字也开始发生了变化，变得柔软、具体、下沉、绵密，不再霸气和乖张。

※

为什么会发生这一切？

大概是因为自己"软"了，那个凝聚成尖的一口气在慢慢消散，但又总觉得不完全是那么一回事。

直到昨晚和朋友喝酒聊天，不经意听到了一个词：道理。这个词一下子解开了我心里的谜团。这并非读什么书的事情，而是生活转向的一种表征。

人读什么书，折射出的是你和世界的真实关系。

以前活在道理中，后来去了故事里，这大概就是这一年发生在我身上的事。我想这是一条必然道路。

人和浩瀚的生活之间，总要经历几轮关系的辗转：试图统摄生活，然后终于融入生活，再试图统摄生活，再与它同一……这就是我们在道理和故事之间的转换。

活在道理中太久，人容易滋生出一种幼稚的幻觉：觉得世间的一切都可以被统摄、被抽象、被规律化，被简单化地分门别类。

我是喜欢道理的，不然也不会一度那么执迷于理论，它们给了我勇气，读了它们，我仿若披上了铠甲，浑身虎胆，把世界大卸八块也能毫不眨眼。

　　这多亏了写作。

　　写作对我的最大意义，是它一直在帮我比实际行动更快一步地往前探路。正是当我在用道理去面对内心、描写生活的时候，才发现这样是走不通的。

　　还没到时候，我还年轻，我还没有进入过故事，就早早掉入了道理之中。这是不对的啊。

　　当我意识到这一点时，便从道理稍稍退了出来，回到了现象。

　　记得在一次面试中，面试者问我在看什么书，我说文学，然后说了几本小说名字，对方大概会觉得可笑吧，这年头谁还会读文学呢？还是这么纯文学的书。

　　讽刺的是，作为一个中文系学生，我以前也是很不屑于读文学的，觉得它们毫无作用。但我很难把心里这一系列变化说出来，只能笑着说自己更喜欢读故事。

　　其实从喜欢道理到喜欢故事，本质是喜欢过程甚过了结论。

　　人长大以后会有一种贪念，就是总想越过过程直取本质。但那个空洞的、经由别人辗转的结论，很多时候并不是真的。如果它没有从你的身体中间穿过，你无法真正理解它。

　　谁也越不过过程。

　　※
　　我有一个好友，她是一名创业者，最近怀孕准备做妈妈。

前段时间我总和她聊天，言谈之中我发现她改变了许多，这种改变不是显性的，而是非常隐性的——从女孩到女人，从乖戾到温和，从激进到缓和，从简单到复杂……

换在以前，我肯定是感受不到这些的，对此也不关心，但现在却很喜欢发现人的种种细微变化。

这就是故事，故事是一个过程。

就像过去，我总是耐不下性子去读完一篇小说，甚至是一篇短篇小说。

小说作者们总是写了一大堆，最后也没一个结论，而且大部分一流的小说结尾还总让你感觉意犹未尽，只是撕开生活的冰山一角然后又不让你看全，留给读者的永远是一种痒痒的感觉。

故事让我不痛快。与其如此，不如给我来几段理论，庖丁解牛、分条细缕一目了然。

那会儿的我，理解不了故事存在的意义。

现在才明白：故事本来就是生活啊。故事的意义就是给你展现一个过程、一个片段，它不负责教给你任何结论，不负责告诉你任何应该怎么样，不负责做你的老师，也不感兴趣于驾驭在你的头脑之上。

故事承认了生活和人的复杂性。

选择了故事，便是选择了一种与世界平等相处的方式。

※

我写不出小说和诗歌，所以我总是在写道理。这是很长一段时间里自己写作的自卑来源。

大学时我曾被推选做一个诗社的社长，也成了那个社团唯一一任写不出一首诗的社长。

我一直对此耿耿于怀，又不知道如何面对，终于想到一个答案安慰自己：一定是因为我太理智了，所以编不出故事和诗歌。

直到现在，我才明白，这下面其实有一个更深的问题：我一直太过热衷于本质，所以注定很难去构建一个故事和诗歌。

我更擅长说出结论，却不擅长表现结论。所以后来我认真地问了自己一个问题：在你心里，有没有一个特别想写的故事？

答案似乎是没有。

看吧，一个对故事没有欲望的人，哪怕学遍了所有技法，依旧是写不出故事的。

故事里有时间，有地点，有人物，有变化，有关系，有太多太多细节，装满了秘密，如果你构建不起一个故事，说明什么呢？要么你对周遭的人、事、物不感兴趣，这是一种非常功利和干涸的状态；要么你并没有明白世界的秘密，你对生活只有粗浅的归纳。

擅长写道理的人，不一定真正理解生活。这是一个让人绝望的结论，我才知道自己和生活之间的真实距离。

正是在写作上的自省，我才看明白了自己真正的缺陷。

　　※

现在的自己，会看更多故事了，也会在看故事时想一些问题：这些故事从哪里来的？它们藏在生活的哪些褶皱里？为什么我看不到它们？为什么我无法捕捉这些关键的生活横截面？为什么我无法构建它们？

由此生发的，对生活的改变也是明显的：生活不再是简单粗暴易于统摄的，它是复杂的、含混的、流动的、美的。

很多事情，不要再站在岸边静静思考，走过去，淌下去。去感受水、阳光、爱、恨、嫉妒、内疚、悔恨……这些一切真实、让你为之动容的东西。

不要再害怕生活，不要再抗拒感性，不要再用道理过早地武装自己，不要在二十多岁的时候将自己隔绝于故事之外。去体验，去沉浸，去耐心地看完一次日出，去陪一个人走完一段旅程，去从过程里觉察时间为何物，去明目张胆热爱一切红尘琐碎。

故事属于青春，道理属于暮年，只有经过了故事的道理，才是真道理。

后来，才明白"不以物喜，不以己悲"

外物的好坏，很多时候与"你是谁"并无关系，它们只是按自己的游戏规则运转，当你属于其中时，便会裹挟着你走一段罢了。

人理解道理的过程，是一件有意思的事。

不以物喜，不以己悲，这是一句老话了，不就是不因外物好坏、自身得失而悲喜吗？

冷清、孤傲、掷地有声，难怪被很多人立为目标。像世间其他很多道理一样，当一句话没有与生命发生真正的关联时，它只是一盏未被擦亮的灯。

对它的理解，仅仅是一种理所当然的状态，一滑而过，知道个大概而已。

　　※

不以物喜，不以己悲，不就是"爱谁谁"么？

这话说起来好爽，但做起来好难。越是喜欢说"爱谁谁"的人，常常越在意别人的评价，就好像，真正强大的人，和很强大是两码事。

事实上，我们常常都是空心人，需要一个地位更高的人给你凭证，说

"你很棒！""你是聪明的孩子""我觉得你可以"来主宰我们内心的秩序。总是需要一个类似于导师的人作为"我到底行不行""我到底可不可以"的佐证，听到他们的肯定回答，仿佛我们就有了力量的抓手。

否则，无时无刻的自我存疑和现实打击，似乎总在将我们往下拉。

在交际中，似乎这种他人的佐证也成了我们骄傲的资本，谁被视为是潜力股，谁看好谁，谁对谁的评价如何之类。这是无穷无尽的依赖之网。

但凡跳出来随便一想，我们就会明白，那些真正内心强大的人怎么会做出这样的事情呢？

有几个追随老师的乖学生最后能独当一面？有几个亦步亦趋的人最后能成为一面旗帜立山头？英雄大多数都是被人嫌、被人厌的，是在一片不看好之声中死磕出来的怪物。

只此一代，再复制，就不是英雄了。

那这么说又是为了骗谁？骗的不过是我们自己。

很多时候我们打着"做自己"的名号，走的不过只是一条取悦别人的路，还拍拍胸脯对天地说：看，我多强大！

稍微清醒之人都会感到一丝分裂和悲凉罢。

※

人要跳出这阅历种种经验之物编织而成的网罩，不容易。这才是真正的不以物喜。

它和人的位置、经济情况没有关系，只是一个普通人骨子里的硬气和明白。这个明白，是你看通了一个道理，那就是没有任何人能做谁的上帝，来决定你行还是你不行，你好还是不好。

所有的决定，不过只是评判者出于自己的游戏规则制定的——符合规则，行；不符合规则者，不行。

你符合了这种评价体系，也并不能说明你作为一个人怎样，只能说明你是一个怎样的参赛者。

大部分人追逐的苦和乐，自卑和自傲，常常搞混了这一点。

你真正是谁，跟你在某个游戏中的角色，是两码事。分开它们，才不至于盲目自大，也不至于妄自菲薄。所以，人要活得清醒，这太重要了。唯有时时刻刻清楚自己的目的，才不至于濒于错乱，依附于谁。

当理清楚了自我和世界的关系，那些真正能够让你心生悲喜的东西，必将越来越少，越来越明确。

　　※

这便是自己对于"不以物喜，不以己悲"当下的理解——外物的好坏，很多时候与"你是谁"并无关系，它们只是按自己的游戏规则运转，当你属于其中时，便会裹挟着你走一段罢了。

所以人要时刻明白自己的目的、自己的角色、自己的核，否则就会在一场场外界游戏之中迷失方向。别人说你是谁，你就好像真的成了谁，你行或者不行就真的成了别人口中一句话。

其实根源只是我们没有找到自己的游戏罢了，人若不知道要成为怎样的人，只能在别人的游戏里迷失。

那如何才能分开那些外物之声呢？如何证明这种"不以物喜"不是一种逃避呢？找到自己的使命那是最好的。如果找不到，也有一个办法，那就是：对冲。

说白了就是跨界，别把所有鸡蛋放在一个篮子里，别只玩一场游戏，别只将自己置于一个信息场域之中。

外物是人认识自己的一面镜子，想要认清真实的自己，我们需要足够多的样本。

参与事情越多，所获取的信息越多元，人就越不会迷信，越不会自卑，因为你能发现自己身上的部分更多。

在找到自己的游戏之前，或许唯一的办法只能是耗损和摩擦，它们能带给我们反馈，关于自身的反馈，好的坏的对的错的，甚至是矛盾的。

我到底是个好人还是坏人？我到底适合还是不适合？我到底要这个还是要那个？我到底行还是不行？

样本越多，矛盾也会越多，但那个趋势也会越稳定地呈现在你面前。

美好的事物太多，但我们不能全部都要

因为青春就是一团火，费尽力气，只为了烧光自己。青春不是生产，它是耗费。

※

人活着，始终有一个问题如影随形：我是谁，我变成什么样了？

这个问题或许不会有终极答案，但我们每时每刻都能感觉到它：从早上睁眼开始，从出门那一刻开始，从注视他人的目光开始，从爱上一个人开始，从做出某一项选择开始……

在每一个瞬间发生之际，我总忍不住问自己：这是我会做出来的行为吗？

有些时候答案是：当然了，这完全就是你的本质行为啊！

有些时候答案是：还真不像，你可能变了，长出了些新东西。

生活全是由密密麻麻无数个下意识的行为颗粒组成，但每时每刻，这些颗粒都在发生着变化。这一个个看似微不足道的变化，组成了人的全部形态。

但更让人好奇的是，到底是什么在推着我们一步步走到现在这般模样的？

※

　　几年前，我认识了一个人。

　　那时她还是一个小姑娘，20岁出头，眼神飘忽，停留在每一个人身上的时间不会超过3秒，似乎任何美好之物都能把她的魂魄带走。

　　在黑夜的霓虹灯下，我小心翼翼地挽着她醉醺醺的手臂，送她回家。在我离开之际，在她耳畔说了一句话：美好的事物太多，但我们不能全部都要。

　　那种眼神，每一个年轻女孩都有，它吐出了青春的秘密：想要的东西太多了。

　　这是每个女孩必经的过程，觉得自己浑身充满力量，却无法往一处使，它们是四散的，指向着截然不同的方向，像无数匹烈马在体内四处奔腾，汹涌而涣散。

　　每天都有新的想法、新的决定、新的世界观。好像每一种美好的幻想都能裂变出一个全新的自己，全新的未来。

　　每一次开始，都匆匆结束；接着是另一次全新的开始，和下一次匆匆的结束……

　　青春是无视过程的，它只是奔着结果而去——我就要那个美的东西，就要那个好的东西，就要那个虚荣之物。它看不到过程，不知道要付出什么，它是盲目的。

　　最后，当然什么都没有剩下，只有余烬。

　　因为青春就是一团火，费尽力气，只为了烧光自己。青春不是生产，它是耗费。

　　我想，在那个时刻里，人是没有形状的，因为年轻的我们无法让体内任何一种力量安静下来主宰其他，于是只能任由它们决定着自己的形状。

而这些力量，并没有太多意义，它们只是一种赤裸裸的欲望——我要。

至于"我为什么要这个？""我还要不要其他的？""它是不是适合我？"等等，都全不曾考虑。

想要什么，年轻的身体就会去寻找，这就是青春。

　　※

最近，我又见到了她，那个美丽、涣散的女孩。

5年之后，某个瞬间，我看出来她已经变了。她的眼神不再飘忽、胆怯、四处游荡，而是像一块磁铁一样，有目的地吸附在每一个锁定之物上。

在黑夜中，身边来来往往着陌生的人和事，她已经有了自己内在的节奏。即便是偶尔的发呆迷离，也是经过了她自己的允许而故意为之。

这一个小小的细节改变，中间经历的过程是漫长而庞大的，每个人的成长都是一整个宇宙。从涣散到坚定，从无数个浅薄幻想中生出那一个切合自己生活实际的梦想，从天真、盲目、幻想、失落、打碎、认命，再重新凝聚、发力……一路走来并不容易。

"你变了。"我对她说。

"以前觉得日子好长，每天可以生出无数个念头，它们就像小虫子的寿命，过完一个夏天就死掉了，这么迅速地来来去去，想想后面还有好几十年呢，不知道该怎么过。现在倒好了，觉得生命好短，几十年时间，连完成一件事的时间都不够。"她说。

"因为那些念想并不属于你，你只是站在外面。后来你选了一个，站到了里面，参与到一个真实的过程中。"我说。

判断一个人是否长大，有一个标准：是否真正理解了"过程"这个词。

　　※

山本耀司说过一句话："自己"这个东西是看不见的，撞上一些别的什么，反弹回来，才会了解"自己"。

这句话道出了我们认识自己的来源——反射，时时刻刻的反射。

为什么要不断从与外界的摩擦中察觉自己？就这么一路滚下去不好吗？何苦总要揪着自己不放？

或许是因为害怕，害怕太快被欲望左右了自己的形状。

我们正是知道它盲目的力量，才心怀警惕。警惕那些没有来由的、不含过程意义的无端欲望。

青春走了，余孽还在，会一直在。

那些旁枝末节的欲望并不是力量，不过是虚妄的软弱和逃避。当我们无法主宰生活的时候，它们就会冒出来，阴暗地告诉你：来这里，来这里躲一躲，你在这里是国王/王后。

迎合欲望暂时会好过些，但却无法止住长久的疼痛，毕竟它只是生活之门以外的幻想，它无法解决任何实际的问题。

没有哪种生活能被迅速一劳永逸地解决掉；没有一个人能既这样走下去，又那样走下去，我们终究不能什么都想要。时间总会将你带到一个路口，告诉你：你必须该选择了，要么从这里跳下去，要么从那里跳下去，深深进入某一种生活，扎进去。

生命终是一个从宽到窄的过程，那个属于你的生活主干道渐渐显露，旁枝末节的欲念却依旧汹涌，无法根除，只当作浅尝辄止的美好就好。

就像她的眼神，暗夜之中依旧会偶尔失焦，但她心里明白：那只是故意而为，不久还是要回归锐利。

那些定义着你存在的瞬间

人是充满弹力的生物，你若不去挤压，他（她）便会沿着自己的节奏无声无息活下去；唯独当人与自己为敌或是遭遇撕扯时，那种后知后觉里才藏满了存在之感。

※

前阵子和一位前辈吃饭，聊到写作灵感，他的话让我印象深刻。

他说，每个人都是一片大海，海里住着一条巨大的鲸鱼。每当鲸鱼摆动起巨大的尾巴，跃出海面、腾向天空时，那个瞬间叫灵感。

这种说法让我惊奇，我觉得那个东西不叫灵感，它就是存在。只有当人离开一切生存的现实时，那个瞬间，人才是存在的。

我们终于跳出了生活本身，看到了它的面貌。只是大部分时刻，那条鲸鱼都被紧紧关锁着，锁在深处，无声无息，静如磐石，连它的呼吸都感受不到。

我们常常问自己，会爱上一个怎样的人。多高，多有钱，有多少套房，多少诗书才华，有多少名利地位……这些描述多少总是难以到位，戳不到命门。

那条鲸鱼，大概解开了这个谜底。能让自己触动的总是那么一类人，在他们身上你可以感受到一种状态，他心里似乎有一条巨大的生物，时不时想要冲出生活，去到另外一个地方。

那个地方，你不一定知道是哪里，它只是一种可能、一种生气，甚至是一种遗憾、不满、不甘、不屈，那种时不时就要冒出水面的跃动感，最叫人怦然心动。

看人有时就是在看那片海，感知他心海里的那条大鱼是否还活着，是否还在游动，是否还指向未来。

※

人其实是由一些出格的瞬间决定的。

我们总是忘记自己是谁，只是活着、活着、活下去，唯独当那些极端时刻突然袭来时，才发现自己是谁：哦！原来我是这样勇敢的一个人！原来我是这样懦弱的一个人！原来我是这样冷漠的一个人！原来我是这样愚蠢的一个人！原来我是这样单纯的一个人！

人是充满弹力的生物，你若不去挤压，他（她）便会沿着自己的节奏无声无息活下去；唯独当人与自己为敌或是遭遇撕扯时，那种后知后觉里才藏满了存在之感。

人常说：活着必须经历，不经历便不能自察。

初生之物虽很美，终不如陈旧之物，那些复杂性最让人沉醉，就像一坛陈年老酒，里面不是空空如也的幻想，也不是一无所知的狂妄，而是挤压自己生出的血泪，你想忘都忘不了。

有一天半夜下班没打到车，我只能走路回家。过马路等红灯，耳后传来一阵低低的说话声，回过头，发现一个姑娘在电话亭打电话，一边说话一边哭，话都说不清楚。

当下想了想自己在北京的6年，也有那么几个闷声大哭的时刻。

第一次大哭，是在呼家楼地铁口出门拐弯的地方，哗哗哗哭了个尽兴；第二次大哭，是在回家的路上，一边走路一边狂淌泪，还特别怕别人看出来；第三次大哭，是在出租屋里，塞着耳机哭到睡着……

有意思的是，人是有记忆的，我们生来就在摆脱活着的被动性——第一次大哭是突然而来的，第二次大哭我就开始一边哭一边觉得一切正在变好；第三次一边哭一边心里特别明确地知道这次哭，只是为了让自己心里舒服舒服，没其他意义……

经历的意外越多，人的容忍度一定会越高，能让你哭的事情一定越来越少，最后即便是哭，你都会很清醒：这次哭只是为了发泄，没有更多其他的意义。

这是人的伟大之处，我们会从意外的事情中学会坚强，变得越来越坚固。

但也正因如此，我才更加喜欢观察人的出格之处，唯有那条鲸鱼跳出来的时刻，在那个时刻里，人是最真实的。

　　※

爱一个人，究竟爱的是什么呢？对我来说，不过是他的本质罢了，不必八面玲珑，不必完美无缺，不必精致雍容。

恰恰是当一个人最无措、最不自觉的时候，那个东西才是本质。人设的缝隙里，才是真实。

为一个东西奋不顾身的时刻，因为倒霉而失魂落魄的时刻，因坚持某个原则到痴傻的时刻，遭遇变故一无所有的时刻，狂妄到目中无人的时刻……在那些极端而浑然不自觉的时刻里，尽是一个人的真实，这些瞬间定义着一个人是谁。

藏都藏不住的，是人性骨子里带的东西。

所以说到底，人还是得有点傻气才可爱，傻到连自己都不自知，连旁人都讥笑，但总有一个人能看得懂你的那份傻，觉得它好，就够了。

我们总说，最好的爱情就是懂你。什么是懂？懂你的人是谁？是懂你的喜怒哀乐，还是懂你的性情变幻？

或许都不是，真的懂是看得懂你的本质。骨子里是个老实人，别人觉得你无能，她觉得很珍贵；骨子里是个狂妄人，别人觉得你可笑，她觉得很可爱；骨子里是个认真狂，别人觉得你讨厌，她觉得很稀有；骨子里是个天真者，别人觉得你傻，她觉得很独特。这就够了，这是人生之大幸，无论是爱者还是被爱者。

很多时候我们都不知道自己为何会爱上一个人，毕竟两人在一起有太多因素，太多计算，太多里里外外的考量。

分开的结局大多迷乱，我想终究是因为在对方身上找不到那个让你持续珍视，想要守护的东西——属于他（她）的唯一性。

我的母亲，是一个厉害能干的女人，起起落落、折腾来折腾去，活了大半辈子终于知道了我爸的好——那个老实、单一、大男子主义、好面子、善良、懒散的男人。

有时候人要搞懂自己到底需要什么，必须花上大半辈子时间。因为我们总是不愿意承认一些东西，太爱追逐虚无缥缈的形式，忽视了许多善意和朴素的本质。这是一种迷障，看不清自己，也看不清生活。

我想应该是后来的某些瞬间，她终于看到了我爸孺子牛性格里面的一些闪光和单纯，不再嫌来嫌去，不再抱怨满天，但那终究是迟来的珍视。

愿我们都能从对方身上找到属于彼此的唯一性，当你看到了那个东西的好，你真正认了，才能容忍与之相关的各种不好，才愿意与对方长久地走下去。

　　　※

是否记得那些定义着你存在的瞬间，最快乐的时刻、最痛苦的时刻、最出格的时刻、最忘我的时刻……在那个时刻旦，有个人说：哈哈，我看到了你最真实的样子。

成为别人，终不是长久之计

自由源于明确，明确源于你对自己的笃定。

※

说实话，我有过很多次停止公众号写作的冲动。因为它似乎正在成为一种僵硬的、不得不为之的例行行为。

对我而言，写自己想写的东西是世界上最开心的事，没有之一。一开始写公众号的原因其实很简单，就像从前写博客一样，无论介质怎么变，对我而言它就是一个写日记的地方，仅此而已。

写写字、聊聊天，没有太多其他的想法。唯以如此，才得以让写作成为自己最好的朋友。

我的工作一直和文字相关，它替我赚钱，在最困难、没有正经工作的时候，是写作帮我撑了过来，它算得上我的一门手艺。

既然是手艺，就一定需要练习，怎样的练习最有效呢？

我一直觉得，让文字生活化，就是最好的训练。文字这种东西很妙，妙就妙在：它的道和术，灵性和工具性是一体的，是一个源头，你没法分割开。

你如果把写作当作工具，它就会工具性地对待你，技巧的东西用完了，就真的干涸掉了，写来写去就那么些东西。

你如果真喜欢它，即便把它当作工具，用在工作、用在业务上，即便是商业的文字，写出来也一定是光芒闪闪的。

正如历史上很多大作家，写得了传世名作，也写得了俗气的、可以卖钱的东西，写一篇大卖一篇。

只写得了高高在上的东西，却写不了下里巴人的东西，这算不上是高人。

文字表达是一种贯通的能力，要通，就全通——只要人情、人性搞通了，管他写出来是人话还是鬼话，都照样写得惊叹。

要不通，就都不通——再班门弄斧，都是炫技，隔于皮毛。

一个人要靠文字活着，就很难只是把它关在"工作"的那间小房子里。你得把它放出来，让它成为一种日常的、无处不在的、内化于你的东西。

　　　　　　※

生活是茂密的树丛，我们总要留一条鲜活的路给自己，那是只属于你个人的部分。

如果说谋生是铆着一口气潜入海底，那么写写自己的东西，就是那中途的一口氧气，没那一口氧气，我潜不下去。吸一口，干一番，再吸一口，继续干一番，如此循环。

也曾试图摆脱这种软弱的矫情，让自己成为一个麻木、无坚不摧的铁人，只是无法做到。

或许，每个人都有一件私人的疗愈武器，只有需要的时候，才一个人找个安静的角落拿出它，静静吞服。

回到开头，我之所以会生出停止写公众号的念头，就是因为这一口氧气似乎不再纯粹了。

自说自话的快乐正在淡去，变成了一种业务式的负担：这周要写什么？下一期要写什么？标题这么起会不会点击率更高？那篇×××效果不错，是不是要学习学习？

久而久之，写作便成了一种表演式的交付。

这不是我写这个公众号的初衷，它不是为了赚钱，不是为了出爆文，不是为了工作。以上这些目的，都完全可以另开一个号，用一种更规范、更入流、更精进的方式完成。

我之所以一直晃晃荡荡在这里写，大概是心里还有一隙挂念：能不能在生活里留一件事，只是因为喜欢，只是因为想做才去做。

这就是这个公众号对我的全部意义。

　　※

人活着，应该对外物有所区隔，并且目的明确。

我一直觉得，这种明确是自由的基本前提。人的洒脱肆意，绝不是一团混沌地摒弃什么，而是他/她对万事万物区分得开，知道用什么目的去对待，放多少预期在里面。

很多事情，你心里提前都理清楚了，解脱感自然就来了，因为不安消除了。

不安，源于混沌未知、对万事万物的位置感知不明确；通透，是明知存在是紊乱的，但它们始终有序落定你的价值坐标之中。

我想，对于公众号写作这件事，我曾有一些认知不明确的地方。

我总是试图从这个号里过度索取不应该索取的东西，与最初的目的背离了。如果要索取其他的东西，完全可以另开一个号，而不是这个号。

任何一件事，如果风格不够彻底，最后它一定什么都不是，也达不到它的目的。

在同一件事里，我们不能什么都想要。

※

记住自己的初衷，它就如一把尖刀，不要钝，不要钝，千万不要钝。这是我总在对自己说的。

哪怕一错到底，对于你对整个人生的探索来说也是对的。

外界声音太多，人们常常会患上一种"成为别人"的毛病。它常常严重到我们意想不到的程度，甚至在大部分时光里，我们都在无意识地希望成为某一类别人。

只有在很少很少的时间里，才会自我回溯：我是谁，我要什么，那个最硬最硬的、刻了我名字的核是什么。

其实，写日志就是最好的一种自我回溯的方式。

人在自说自话的时刻，最不容易说谎，一切都回到了最自然、最坦然、最明晰的时刻。

每一天的时时刻刻都像电影般一幕幕回放，犹如雪花，一片片落定到了你精心分开的独立小篓筐里，这些小篓筐就是你对于万事万物的界定。

外界无时无刻不在对事物做着界定，比如公众号确实是商业变现的最好方式，但这种"应该"就是你的"应该"吗？

一旦被外界种种"应该"裹挟，你内心的明确性就被打破了。

从自己出发，外界只是工具，重新规整内心的小篓筐。

自由源于明确，明确源于你对自己的笃定。

不压抑的平静，才是回到了自己

在这种不压抑的平静里，没有克制，也没有张狂。不必为某个目的伪装成谁，不必为了取悦谁而酝酿语言，不必假装成熟近而压抑自己，只是跟自己说说话。

如果说生命中有什么习惯，是我无法割舍的，那就是写作。

关于写作我说过很多了，但有一丝隐秘始终难以启齿：对我而言，写作是最好的心理治疗。

每一次坐下来，打开电脑，用指尖触到键盘，把思绪一根根抽出来，是一种无法比拟的宁静：不压抑的平静，灵魂终于回到了自己。

      ※

人要活下去，就不能只守着内心而活着，因为那样会饿死。即便是艺术家，也难免要考虑受众的接受程度，以维持自己对外界的影响力。

人要存活于世，就必须要对外物有所作用，这就是马克思说的"改造世界"。唯有改造世界，才能创造价值——于公的价值、于私的价值，从而维持个体生活和世界的运转。

这意味着，人要不断从"我"走入"他们"，用"我"的理念去影响"他们"，号召更多力量去搭建起"我"想要的物质与精神建筑。历史文明中的建树，大多都发端于某个人（群）的意志，从意志变为行动，最终成为实物。

一个对外物没有掌控欲的人，注定会活得很痛苦。你不挤压世界，世界便会挤压你，这就是世间的力量原理。

每个人大概都活于这样一种交错的"力的场域"之中，在不同层级、不同角色、不同立场中彼此牵制、彼此吞噬，又彼此抵抗。

无论是工作、朋友、恋人，甚至亲人，都逃不过这种客观关联。

※

人的另一重特质便在于有限性。这种有限性，是人之所为人的根本，也是所有欢愉和痛苦的根源。

当我们聚焦在一个事物上时，往往是牵一发而动全身的，无法穿透这个聚焦对象。所以这种有限性，又叫作执迷。

举个例子。对上班族来说，我们早已没了周一到周五的时间概念，从清晨开始就埋头于接踵而至的工作，对外物没有任何觉知，等到忙完天都黑了，然后回家洗漱睡觉。

某一天中午，你要出去办个事，忽然就空出了时间，那种惯性秩序得以被打破。

走在外面的你，发现午后阳光灿烂，绿树成荫，花儿都开了，在路边买一只冰激凌舔着慢慢走。忽然之间，那种关于时间和生活的觉知全都苏醒了，你不由得发出一声感叹——原来每一天外面的世界是这样的，原来我已经离开真正的生活好久了！

这就是有限性。当人关注于某项工作，关注于某个紧迫问题时，我们几乎是倾情投入的，全然失去了事与事之间的穿透，失去了对生活一致性的把握。

当我们在"此"，便不能在"彼"；看得到"这里"，便看不到"那里"。所以人执迷时，都是疯魔般深深扎下去的。这无所谓好坏，只是人心的客观特质——一旦胶着，便无法轻易离舍。

　　　　※

从以上两方面来说，人生的大部分时间，心念注定是四散在外，处处牵扯于外物的。

一方面，我们披上狼的外衣扮成一个凶狠强大的角色，尽可能地去杀出一番成就；另一方面，一旦沉溺于某个执迷中，便心甘情愿掉入一个垂直无穷的黑洞，看不到生活原本的样子。留给自己去感受、去持续性存在、去安于此时此刻的时间，注定是很少。

这也是为什么写作对我来说那么重要。

想想每天12个小时都奔波在外，每周84小时，每个月300多个小时，每一年4000多个小时，都深陷在种种问题和欲念泥淖之中，唯有写作的2个小时，我是自己的，灵魂和身体是吻合的。

所有过去的遗憾，未来的担忧都搁置在了一旁，只有此时此刻。

在这种不压抑的平静里，没有克制，也没有张狂。不必为某个目的伪装成谁，不必为了取悦谁而酝酿语言，不必假装成熟近而压抑自己，只是跟自己说说话。

自然，这种机会很奢侈。毕竟人要活下去，要完成梦想，要建立功业，要养家糊口。所以这样高浓度的时刻，一周有那么几次，就够了。

在知乎上看过一个问题：为什么男人下班后不回家？非要在车里待

一会儿?

　　我是非常理解的，就跟写作是一个原理：留一个时刻给自己，节奏缓下来，呼吸慢下来。

　　让在外飘散的灵魂一点点回来，聚合，落定，重新凝结成自己。

最漂亮的人生，是让别人尊重你的独特性

那个最让我们羞耻的弱点，也最有可能让我们脱颖而出。

※

虽然我已经是28岁的人了，却总回想起幼时的一幅画面：

那年我5岁，住在一个国营大厂里，街坊邻里很热闹。

小时候我很胆怯，有人走近就会害怕，退到大人身后，一个字都说不出口。

这时，总有一只手从后面把我往前推，说："快，叫人啊！"

我像一块黏乎乎的口香糖，死死拽住大人裤腿。

"你倒是叫啊。""叫 × 叔叔！"

我继续闷声。

一阵尴尬，大人们打完招呼就走了。

"你说你怎么性格一点也不像 × × × 呢，嘴巴一点也不热闹。"大人一路上说。

我不知道自己做错了什么，只是很内疚。

※

　　对于老一辈的教育，我并无任何批判的意思，他们的辛苦是难以想象的。只是从小到大，每当我回忆起这个场景，总会泛起一股酸涩，不是针对那件事，而是一种更加普世的反思：那些天生羸弱、内向、敏感的灵魂，就真的很难被发现、尊重吗？

　　这种性格的人最终的命运似乎只有两种：要么一直弱下去，低到尘埃里；要么突破自己，野蛮生长。

　　我很幸运，属于第二种。

　　从小到大，在家族里，我的形象一直是一只温顺的小绵羊，自卑、怯弱。

　　我的父亲是个老实善良的人，饭桌上他最常对家里人说的话是："我家阳阳坨（我的小名）啊，性格太温顺，太弱了，不如隔壁×××那个孩子裂霸（长沙土话，意思是胆子大，能闯事），出去肯定受欺负，我是了解她的，不适合……"

　　每一次家庭聚会，他喝了酒都会重复这句话，对我来说，犹如一句沉重的审判。

　　那种属于弱者的羞耻感，笼罩在家族里每一个敏感内向的孩子身上，犹如一个咒语。

　　在很长一段时间里，我都会怀疑一件事：我是谁？我真的如他们所评价的一样无能吗？我不想做一个这样的人！

　　儿童对自己的性格是有感知的，他们需要的是鼓励，是接受自己的缺点，相信自我的独特性，找到属于自身的那个核。

　　有了这个核，人才能由内而外地站起来。

　　对孩子来说，最大的摧毁恰恰在于：成年人将他们当作一个观赏品，当众点评他们的性格，预言其人生。

家里人都没意料到，我长大竟会是那个最固执、最义无反顾的人。

其实，每一个生性敏感、不愿服输的孩子，生命力都是难以预估的。迫于很多原因，家长常常只能从表面去了解一个孩子。这样一来，大多时候的"理解"便只存在于那些性格更强势的孩子身上，因为他们的"本我"更外露。

　　　　※

2011年我来北京读书，出于对儿童心理的兴趣，曾在一家幼儿培训机构兼职。

当时我刚接手一个班，班里有个小女孩，我们都叫她花花。

花花5岁，长得不算漂亮，皮肤很白，性格内向，看陌生人时总横着眼睛，似乎有一股子小脾气。

第一次进教室，花花正在地上和自己较劲练习劈叉。感觉我走近，她并没有抬头看我，只是迅速撑着站起来，爬到了小椅子上。

无论用什么方式，她始终不愿意和我说话，整堂课都没有举过一次小手。

花花的家庭很完整，爸爸妈妈很宠爱她。每次来上课都打扮得粉粉嫩嫩的，衣服上有妈妈给她绣的名字，爸爸从没迟到过一分钟来接她。

花花却始终流露出对陌生环境的异常不信任感，害怕一切刻意的接近和热情。

在我教过的孩子里，很多都很聪明，比成人更机灵，更知道怎么讨巧。花花不属于他们，她是个"愚笨"的孩子。我在和其他小朋友玩闹时，花花总坐在座位上看着，被叫到，她也只是害羞地动一动，不愿意起身。

对待陌生，她本能地抗拒；对待熟悉，她不会撒娇。她是个固执的孩子。

后来，我索性不再特别关注她，该做什么就做什么，顺其自然。半个月后，花花自在了一些；一个月后，她愿意举手了，也开始叫我老师了；三个月后，下课时她会悄悄给我一个拥抱了。

一个学期过去，在期末的最后一堂课上，她答完一个问题，我给了花花一个拥抱，"花花，你的观察真仔细，老师都没有发现这个小秘密！"

花花没有吱声，半天才说出一句话："老师，我不叫花花，我的名字叫欢欢。"这句话我至今依然记得。整整一个学期，欢欢任我们把她的名字叫错，却一直没有提出来。

也许有人会说这孩子真胆小，连反抗的勇气都没有。

她其实并不怯弱，相反，她有另一种勇气——从不掩饰自己的害怕和尴尬，直接用退后和沉默来拒绝突如其来的熟络。

和其他孩子不一样的地方在于，她的认知建立于自己的体验，只有她亲自确信了之后，才愿意打开自己。

我整整带了她3年，看着她学习击剑、舞蹈，渐渐变得开朗而自信。但只有熟悉她的人才能发现她脸上一掠而过的羞涩——低头笑的时候，紧紧咬住自己的下嘴唇。

欢欢的不安依旧存在，或许将贯穿她的一生。但这也是她的独特之处，那个成熟世故也无法掩盖的东西。

我想，等她20来岁时，一定会是个非常有味道的女子。

每个人都有自己的独特性，只是出于种种原因，我们在各种声音里失去了判断，忘了一个事实：性格本无好坏，最棒的和最差的，往往肇始同一个元素。那个最让我们羞耻的弱点，也最有可能让我们脱颖而出。

对孩子来说，不必成为世俗眼中的"棒"、别人家"热闹的宝贝"，更不必做一个攻击性的"恶霸"。

真正的成功，是让别人尊重你的独特性。找到自己的核，挖掘它最有可能产生价值的方面，证明你活法的合理性，这才是人格的胜利。

事实上，只有自身具有独特性的人，才能够欣赏、保护他人的独特性。

人人如此，这样的群体社会才是文明和善意的。

但这受制于物质文化条件。只有当社会成熟到一定程度，教育才能实现其本质，不再仅仅是书本知识，而是独立的精神人格，落实到每一个普通人身上、每一个普通家庭里。

我们没有权力埋怨父辈，他们的方式囿于他们所处的环境，至少一切都在好转。

　　※

前几天，我跟远在上海的表姐打电话，聊到她的女儿——我的小侄女，她是一个内向沉静的孩子。

"小如意在幼儿园怎么样呀？"我问。

"还行，还是有点放不开，不是特别活泼的娃。"

"我小时候也这样，她开心就好。"

"嗯，我没当回事。"

"是啊，不要去在意这些，也不要让她感受到你的在意。不然她会焦虑的，她心里什么都明白。"

　　"不会的，每个孩子的个性都不一样，我不要强求她改变。"

　　听到姐姐这么说，我挺开心的。

只有浅薄的人，才能将自己一眼看穿

沉下去，浮起来，沉下去，浮起来，生活就在一场场清醒与执迷之间切换。

※

人经历的事情越多，便会越相信世界的复杂性。

但忘了从哪天起，我开始羡慕那些浅薄之举：自以为了解一件事、看透一个人，浑身散发着粗暴有力的气息，眼中燃烧着无由来的笃定之火。

这样的人应该活得很快活，不管不顾，一鼓作气，头也不回。

《心经》里说：心无挂碍；无挂碍故，无有恐怖。

人的智性，也算挂碍的一种。一旦心智渐开，便有了挂碍，有了玲珑七窍——对一个事物从前从后、从左从右去琢磨，做事时也给了自己前前后后、左左右右的回旋余地。

智性的增长有如开花，一旦舒展便很难再合拢，回到当初的蒙昧状态。

不得不说，简单化思维是有好处的。它给人勇气，因为勇气生于盲目。

对于我这种逐渐丧失盲目性冲动的人来说，该如何活下去呢？毕竟要谋生，要赚钱，要实现些什么，终归需要一些戾气、偏执和幻想。

给自己想到的一个办法便是：自我欺骗。

很多时候，我依旧能充满力量地去干一些事、笃定某个宏大事业，归属某个集体，同时心里也很清楚：我故意的。

大概是太明白执迷这个东西的好处——似兴奋剂，能让人一蹴而就地成事；也太明白每一场刻意而为的执迷背后的现实目的——完成世间种种名利功业、财富目标，所以每一次我都能成功地操控自己去拼杀。

沉下去，浮起来，沉下去，浮起来，生活就在一场场清醒与执迷之间切换。

一场爱情，一份工作，一个任务……每当起心动念，便对自己煽风点火，一边理智告诉自己这个东西的合理性，一边拼命给自己灌酒，先醉了这一场，不管不顾蒙头去干吧。

理智和感性，其实是合谋的。没有感性，我们终究没法干成一件事；没有理性，我们终究不会明白活着的意义。

※

大部分时候，我庆幸自己是个"慢"的人，慢慢去琢磨一件事、一个人、一种感觉、一个决定，充分感受存在的复杂性。

因为我大概是明白：真理从来不是绝对的，只是相对地、部分性地存在着；不要迷信一个半路过来的东西，而要去探求最早的源头。

活着苦，很多时候是因为看不到生活的复杂性。

在日常生活中，事物与事物之间总会发生撞击，每一个立场方都会与一种部分的、相对的真理联系在一起。如果我们单方面看任意一方的真理，都完全合理，但在不同情境下，就会产生矛盾。

若跳不出来看到这一点，人就会很苦——执迷于片面的立场、单方面的情绪、短暂的利益。

在做决策的时候，我们最喜欢争执的难道不是谁对谁错吗？好像一定要证明对方错了，我们对了，才能采取我们的建议。但路并非只有这一条，很多时候没有100%的对错，只需要衡量哪种方式更适合解决此刻的问题即可。

同样，我也很难轻信一个"半路"甩过来的结论，如果一个东西没有经过自己的消化和梳理，自己没想明白它的合理性，是很难投入去做的。

对于一个相信系统和关联逻辑的人而言，不明就里的激情是不可能的。

很多时候人活着的苦，就是一种胶着状态——偏执一端的笃定、无根无据的判断、局部纠缠的死结。

情商一直在强调的同理心，大概就是"胶着"的对立面，打破界限，拆解胶着，疏通始末。

　　※
复杂性，是真的。

我喜欢去发现人身上的复杂性，它让我觉得安全、可靠、真实。我讨厌陶醉在一致性的盛名表象之中，生活需要的是真实的血肉和人性。

刚刚认识的人，如果其过于美好，过于无懈可击，我总会忍不住在心里倒计时：出来吧，那个完整的你。

人是矛盾的，如果你在一个人身上找不到一丁点表里不一的东西，很可能根本还不了解他。

若看不到一个人的复杂性，而去迷恋其某一个标签，会很苦。

曾有一个人满腹怨气地对我说，我喜欢了你整整3年，而你却早已不再是当初那个人了。

我只能告诉他：你一开始喜欢的我并不是全部的我，那只是我的一部分特质。不过很可惜，3年过去了，那个特质已经从我身体剥落了。

他无法理解这句话，抱着最初的标签，静止在他的迷恋里。

人不是一致性的，而是矛盾的；人不是静止的，而是历史的。看待自己，同样如此。

我过去以为很懂自己，现在看来并非如此，我不过是希望自己能成为某种类型的人。

那时我对自我的认识还极度不稳定，很喜欢跟自己玩一个游戏：不断用某个流行的理念、标签化的偶像、某种一致性去统摄自己，像穿行在一场接一场的梦境之中。

每一次都告诉自己：嗯，从现在开始，你就是一个×××的人了。从穿着、发型、举止、谈吐上都在模仿一种理想中的纯粹。

但每一场这样的梦都无法持久，总在无意识的状态下破灭了。

25岁之前，我的生活一直在这种梦与梦之间穿行，反复试验着自己是谁。其实，人只有在停止过度要求自己时，真我才会出现。

无论多么苛刻地要求自己，总会有一些马脚露出来。自以为看穿自己，更多是人的一种潜意识：希望名实相符。

你说你是独立的，因为你希望自己独立，但你也知道：爱情里，你曾是多么卑微与依附。我说我是懒惰的，因为很多时候我确实符合懒惰的特质，但也很清楚：对至爱，我可以不休不眠。

何必执于"一眼看穿"，很多东西本就是看不穿的。

人生，是无数个多面体在种种因缘际会下的碰撞。每一次碰撞都独一无二的，角度差之一毫结果便失之千里。就像淙淙流动的河流，每一朵浪花都独一无二，未经排练，不可重复。

这也是人生最美的地方。

第六章

不压抑的平静，才是回到了自己

余悸

背叛者可以随心所欲地背叛，被背叛者只能无处言说地承受。结果前者是巨大的虚空，后者是对爱的从此惧怕。

　　　　　　※

那年夏天，芷阳不见了，只有小穆一个人知道发生了什么。

小穆有一种可怕的天赋——她能清楚知晓自己是否被爱人背叛。一旦爱人背叛了她，就会自动消失，彻底消失在她的生命中。

这是一种遗传，源于她的母亲，小穆从小就没有见过自己的爸爸。

这些神秘事件是如何发生的，没人知道，更没人相信，就连当事人最后也听之任之，不再挣扎。

小穆偶尔也会想，像她和母亲这样的人，是不是遭到了上天的诅咒，生来就是为了尝尽爱的恐惧和怀疑。

当背叛发生，她们只能在事后才知道一切，犹如一记闷棍，回过头想还手，却发现背后早已空空如也。

最苦不是找不到人泄恨，而是连原谅的机会都没有，你永远不知道消失的那个人是否还会记得你，过得怎么样。

※

第一次剧痛发生在18岁，男孩叫芷阳，那个全班成绩倒数、欺负了她整整3年的男生。

高三暑假快结束，两人捏着张硬座火车票去湘西转了一圈。

那是最热的一个夏天，比天上太阳还热。小穆记得那是下午4点，她推开旅馆窗户，路上游人熙熙攘攘，太阳斜斜射进来，河水缓缓淌着，河对岸是古色古香的房子。

"我要去××读大学了，你会来看我吗？"

"会的……但，我要先告诉你一件事。"

"嗯？什么？"

小穆回过头，转向芷阳声音传来的方向。空空如也。

他不见了，好像从来没有来过。

那年夏天，芷阳不见了，一句话也没留给小穆，这是她生命中第一次出现的失踪事件

小穆是很乖的女孩，清澈如水，芷阳则是浓烈的墨水，狠狠滴进了她的生命，然后又忽然撤离，每一处浸染过的细枝末梢都连根拔起了。

那次她生了一场大病，母亲才告诉她原因，那个"被背叛"诅咒——"当你爱的男人背叛你时，你会知道，并且从此再也见不到他。"母亲说。

※

失踪，是人间最大的惨剧，因为对另一个人来说，这是一场永远得不到的验证。

那个未解的伤口如同敞开的黑洞，风从里面呼呼往外灌，她时常一个人站在洞口边缘

后来，第二个人进入了她的生命，然后失踪；第三个人进入，失踪；第四个人，失踪；第五个人，失踪；第六个人，失踪……通通失踪。

每一个人出现，小穆都相信他会是那个终结魔咒的人，从此以后背叛不会再发生。

然而来来往往，失踪一再上演，每一个来过的人，都会在某一天消失不见，在她心上留下一个窟窿，有些大，有些小。

于是她记住的不是爱过多少个人，而是被背叛过多少次。

最可怕的是，她彻底失去了爱情中的安宁。无论日子再美，她都无法再安心享受。深夜里，怀疑与恐惧一次次让她从爱人臂弯里惊醒。犹如一把悬在头顶的刀，晃晃荡荡。

她哭过，闹过，甚至自残过。但人是弹性极大的生物，再坏的灾难最后都能消化、习惯、顺应。

32岁的小穆渐渐成了母亲一样的女人，接受了宿命，并找到了一种最安全的方法，那就是不再投入任何一段关系，不再接近爱情。

※

10月1日，小穆去一个地方出差，提着行李上了高铁。上车厢右走，她摸索着找到票上的座位，站立着。

座位上坐着一个男人，他看着窗外，显得略微疲惫，双手来回搓着，小穆注意到他的中指戴着一枚戒指。

"你好，能帮我把行李放到上面吗？"小穆指了指自己的行李箱。

"哦哦，好！"男人抬起头看到她，明显愣了一下，然后站起来将行

李放好。

小穆不懂他为什么有些惊慌。

男人随后坐下来，又看了看她，眼睛便再也离不开她。

"你……长得很像我的一个朋友。"为了打破尴尬，她随便找了一个话题。

"哦？是吗？他是怎样的一个人啊？"男人身体前倾，甚至有些兴奋。

……

4个半小时过去了，列车即将驶入终点，男人起身去洗手间，回来，坐下。

她看到他的手指上的戒指被摘了下来，手指空空。

下车时，男人问小穆要了联系方式，便离开了。再后来，他们在一起了。

旧日的噩梦不时在她心中氤氲升起，犹如一颗定时炸弹。但一切出奇的宁静，日子一天天过去，他还在，还在。

2年过去，失踪再也没有发生。

35岁那年，男人向她求婚，她答应了。

小穆从来没有问过，那天他手上的戒指是怎么回事，后来又去了哪里，日子平静如光滑的镜面，她几乎忘了自己身上背负的那个秘密。

　　※

他决定永远不让小穆知道真相，那个遗传自父亲的秘密。

他的生活一直被一个魔咒笼罩：他每背叛一个女人，那个女人就会从他的生活中自动失踪。

对于一个男人来说，这是多么好的事情啊！厌倦了一个人，直接背叛就好，甚至不用开口说分手，被厌倦者就会自动除名于他的生活。

当他知道自己的这种天赋之后，伴侣的更换速度越来越频繁，多么自在！

从交往整整3年的初恋女友，到1年、半年、3个月、半个月、一星期，甚至一见钟情的短暂约会……后来的女人他再也数不清，不用负责，不用计划，不用限制，事情往不可收拾的方向发展。

当爱情失去了过程，只剩下无数轮开始、开始、开始……那么多女人，后来他连她们的名字都记不住，都是蜻蜓点水，越来越快，越来越快……

太轻了，生活太轻了，那些浮梦一般的开端，没有留下任何深刻存在的痕迹。

他开始感觉到庞大的空虚。他彻底失去了知觉，疲得要命，决定结束这种噩梦。

他决心和身边的女友结婚，终止这种欲念无穷之苦。

两年前的10月1日，他遇见了小穆，那一次见面就再也忘不了，魔一般的吸引力，无法解释。

几个小时内，他做了一件阴暗的事，到车厢洗手间摘掉了和女友的订婚戒指，用冷水搓了一把脸，将未婚妻除名于他的生活。那是最后一个受害者。

　　※

新婚之夜，在黑暗中，小穆想起来那个订婚戒指。 忽然，她听见了两声"咔嚓——咔嚓"的清脆声音，他也听见了。

那是手铐打开的声音，两道魔咒解开，两人同时睁开了双眼。

心里像是知道发生了什么，但谁也再不会去验证，也不会去怀疑，因为已不再需要了

一个男人，享受过爱情里最极致的贪心，早已厌倦了无穷新鲜；一个女人，承受过爱情里最极致的恐惧，早已厌倦了无穷担忧。

从此以后，他和她的余悸彻底消失。

后记：

背叛者与被背叛者，这两个角色我们都扮演过。

在一个人面前肆无忌惮，在另一个人面前却卑微到担惊受怕。一个人可以有多贪心，就会有多恐惧，犹如一个硬币的两面。

为什么爱情里总会上演那么多个故事，大概还是尝得不够，贪心得不够，恐惧得不够，于是总是给自己留有余地。

这让我不禁想到，当贪念和恐惧成为一种极致的境况会怎样。背叛者可以随心所欲地背叛，被背叛者只能无处言说地承受。结果前者是巨大的虚空，后者是对爱的从此惧怕。

人到底在什么情况下才会甘愿长情？大概就是这样的情况：贪够了，怕够了。

这个时候，即便"咔嚓"一声锁打开，禁锢没有了，却再也不想浪费，不想寻找，只认了眼前这个人了。

给了自由，也不想跑了。

勇敢

她是懦弱的，太害怕孤独。为了不被遗弃，为了免受巨大的群体性伤害，她愿意倾其所有——热切祈求、乖顺服从、虚伪地讨巧……只为重新获得归属。

　　　　　※

这是她第一次踏上讲台——偏远山村小学的一次实习。

台下一片小脑袋抬头瞧着她，她无法直视，甚至无法直立躯干。在他们面前，她虚弱得仿佛一面破碎的镜子，找不到适合的语言和表情。

她想逃回到成人的世界，那里全是有迹可循的程序。但孩子是很难预测的，他们越是无声，她就越紧张害怕，怕被看清她内心的空洞，也许他们什么都不明白，也许他们什么都明白。

习惯了察言观色的她在这近乎透明的纯粹里，失明了。

5分钟后，孩子们如同瞬间失忆症，立刻就忘了刚刚的陌生，仿佛她不存在，又陷入了闹哄哄的混乱之中。

她这才轻松踏实了起来。

※

　　角落里坐着个小女孩。细细软软的浅褐色头发，五官平淡得恍若只是造物主无意抚过，眉毛稀疏，轻微皱起。

　　她坐在位置上，冷冷地看着她。她本不想去找那女孩，只是那目光让她有点难受，或许应该缓解一下，不过是个孩子。

　　她走过去，俯身摸摸她的背，孩子低下头继续做她的事。

　　皱巴巴的纸上歪歪斜斜画着一个蛋糕，蛋糕上写了"生日快乐"四个字，旁边站着几个人，画出来像直直躺在地上，硬邦邦的。

　　孩子抓着彩笔，笔头几近干掉，她来来回回用劲涂抹。

　　"他们在庆祝生日吗？"她轻声问。

　　孩子点头，眼睛还在纸上。

　　"老师不要和她说话，她不是个好人，她抢走我们的画，扯烂扔进垃圾筒。"旁边一个扎着花辫子的小瓜子脸说。

　　话刚说完，一团孩子冲了上来把她围住，纷纷拿出自己的画给她看：太阳、白云和鲜花，一朵朵在纸上绽放着，饱满而甜美，如她们的脸蛋一般。

　　她努力记住每一张花枝招展的小脸，耐心表扬每一幅画，用不同的词汇。

　　"老师，她很脏，她们突然记起了那个角落里的女孩，"我们没人愿意和她坐一起。"

　　她回头看，果然那是最后一排孤零零的座位。教室是干净的，唯独她的位子下满是纸屑垃圾，仿佛被人遗忘。

　　她重新观察那个被所有人嫌弃的小女孩。

　　孩子静静坐在那儿，书包咧着嘴从抽屉探出来，本子页边翻着卷，她的衣服上四处是土印，鞋子已辨别不出原先的颜色，握笔的指甲缝黑乎乎的。

"老师快看快看！"那孩子把画收好，开始叠纸，轻轻手一扬，皱皱丑丑的玩意儿便歪扭着飞了出去，落在前面女生们的座位上；然后她开始捏小纸团，中指一弹，小纸球飞出去砸在前方孩子们的头上、衣服上。

她们开始尖叫，掉过头去暗暗地骂着。

那个孩子沉浸在让自己快乐的诡秘世界里，耳边传来一阵阵尖叫："老师，她破坏卫生！""老师，她扔纸砸我！""老师，我的座位都被她弄脏了！"

那个小女孩笑了，趴在桌子上望着其他"花朵儿们"尖叫着躲来躲去，笑得前仰后合，像只野生的小狐狸。

她无法移开视线，她的四周开始变得模糊，回到很多年前，那时她小学一年级。

　　　　　※

又一次被老师罚站在全班最后一排，她不明白为什么每节课都要被罚站。她总是热切地看着老师，努力做出回应，渴望能重新回到座位，但从来都没有结果。

一天，她依旧被罚站，中途她举手争取到了一个问题，回答正确，老师夸：××是世界上最聪明的孩子，回座位吧！

中午，她开心跑回到母亲上班的粮店，告诉母亲说老师今天让她回座位上课了！

"看来昨天多送的30斤大米还是有效的啊！"母亲回头扯着嗓门和称油的李阿姨说。

"可不是，你要是早点送东西就好了，年底再送几壶油给你家妹子换回个'三好学生'啊！"李阿姨拧紧出油口，把打满的麻油壶递给顾客。

……

她被逼到桌子一角，所有人都和她对立，伹她没有做错任何事。他们只是需要一个敌人。

孩子年幼时需要参与一个巨大团结的阵营，因为共同的敌人而彼此帮助，从而获得成长的力量。

这个阵营给其中的孩子会带来一生美好的回忆，却给那个被认作敌人的孩子带来毁灭。

她就是那个敌人，不受老师待见的人，就是全班同学的敌人。

对待敌人的普遍方式，就是所有孩子集合在一起，喊着统一的口号、做出统一的表情，逼近着她。

唯一的曙光，是偶尔会有其他年级的孩子一两声正义的呼声，她感激地望着那个人，但紧接着大阵营马上便将那个孩子拉入集体，"拯救者"最终也成了攻击者。那种绝望和被遗弃的感觉至今都很真实。

她后退，他们前进。壮大，不断壮大，他们是无敌的。

她就这么被莫名"批斗"着，无须原因，也伹根儿搞不清楚原因。

那样一种根植人性群体的东西，发端于幼年，无须理性，她很小的时候就懂了。

她弱弱地问自己是否也可以加入她们。

"不行，就是你不行。"

当然不行，她是所有人敌对情绪的来源，群体力量的源泉。她是被牺牲掉的那一个。

※

　　突然，角落里的那个小女孩朝她笑了。

　　那种笑，是战友，是同盟者胜利后的笑。脏脏的小脸上嘴角上扬，几颗不规则的牙齿犹如宝石。

　　她回望她，也秘密地笑了。

　　她是懦弱的，太害怕孤独。为了不被遗弃，为了免受巨大的群体性伤害，她愿意倾其所有——热切祈求、乖顺服从、虚伪地讨巧……只为重新获得归属。

　　而这个孩子是个例外，她比她勇敢。

　　一个人与一群人，不是每个人都能扛得住那种无名状的压迫感，何况是个孩子。

　　她是一个斗士，一个勇敢的孩子。

　　铃声响了，她还没回过神儿，教室就空了，只剩下参差不齐的"老师再见"声。

　　"嗯，再见。"她望着空空的教室发呆。这是她第一次实习，第一次面对孩子，第一次面对她自己。

　　后记：

　　愿所有的孩子，童年里没有创伤。

花房姑娘

如果我那时候多读点书也可以唱的。

※

他俩做结发夫妻已经27年了，男人今年50岁，女人今年48岁。

他是大学里的文学教授，她是一家连锁药店里的收银员。很多年前，中国南部一个又偏又穷的山沟里，男孩和女孩是邻里，也是方圆几里唯一的同龄孩子。

两家人都穷得要命，俩娃娃连衣服都共着穿，她穿他的小衣裳，他啃她咬过的饼粑粑，泥巴堆里滚到了读书的年纪。

那时候，两个人手拉着手，每天走很远去邻村上几节课，下午4点多又手拉手回家。

后来女孩没有读书了，男孩考上了首都的大学。两人失去了联系，整整好几年。

※

那是20世纪80年代最美的光景，男孩在大学里学会了吉他和写诗。

和所有青年一样，他很快便忘了自己的来处，心中只有城里的月光。

因为读书发狠加上很有灵性，男孩不久便经历了一段"恋爱"，加上老师的器重，介绍工作不成问题，成为城市人近在咫尺。

夜晚，男孩抱着收音机听着路遥的《平凡的世界》，唯有这时他才记起那个南方村落，那个暖如亲人的女孩。

只是现实汹涌，他在脑中唤起故乡的记忆越来越费劲，从1秒、5秒，再到1分钟……直到故乡变成了一个不再具任何声色气味的词。

22岁那年他毕业了，迎来了人生的巨大打击——唯一一个落户指标意外地给了年级里一个默默无闻的小子，后来他才知道什么叫作"关系户"。

总而言之，他的梦碎了。他又回到了南方的小乡。

　　※

后来那段城里的时光他很少回忆，因为每一次回忆都是一次加深，这种屈辱的伤痛让他只希望被岁月风化。

村里唯一的状元郎又回来了。再见她时，他竟有几秒迟钝。

仿佛之前的时间都被冻住，只是那一刹才又开始哗哗流动——每一根发丝，每一寸肤色，每一条皱纹都在她的面庞飞速生长，诉说着南方水土和农事是怎样将一个女孩变成了眼前这个娟秀又土气的女人。

他们结婚了，他在镇上谋了一份中学老师的工作，她随他找了份零工。就这样，一待就是8年，男人始终记得《平凡的世界》，始终记得城市的样子，于是白天教书晚上读书，30岁那年重新考回了北京，硕博连读，成绩优异，留任大学。

户口、宿舍、孩子、房子、车子，这些东西变魔术般叮叮当当落入了他们的生活，转眼已过四十好几。

她被孩子们呼做师母，总是很不好意思，除了多备点菜、多备点酒招呼他们来家里坐坐，其他好像也就不会了。

他的书房她甚少进去，里面除了书还是书，桌上不常触到的角落满是灰尘，烟缸里直到烟头成山男人才倒倒。墙上是一幅女学生送他的字画，她看不懂，被裱得整整齐齐挂在正中间。

儿子是他的模子，从小便决意要做文学教授，读的书比他老爸还多，写得一手好文章，今年不负众望考入北京最一流的学府，明年准备出国留学。

儿子是男人最得意的，继承了他的所有聪颖，又即将完成他未曾实现的出国梦。所以每每说起儿子，他的嘴角总是泛起笑意，却又克制着，不想显得过于骄傲。

唯一难过的是，儿子不愿跟他回乡，孩子与那个地方并没有最直接的联系。

　　※

又一个老夫老妻的周末，儿子不回家。

吃过午饭，男人提议去三联书店走走，女人洗完碗擦擦手说好。

一进书店女人就犯困，索性把书柜间的窄道当作小区小路，一遍遍走来走去。男人架起了眼镜，一如往常地在社科哲学区域扎下了根。

几个小时过去了，两人从书店出来，女人要去个厕所，男人便站在门口等待。

忽然，在他耳边响起一段极其熟悉的音乐，熟悉到他还来不及辨出那首曲子叫什么，眼泪就先"哗啦"一下子涌了出来。

已然是一种生理冲动，曲子早已融入他的身体——那是崔健的《花房姑娘》，那年他22岁。

抬起头，对面小酒吧门口，竟是个高瘦的女孩在唱着这首歌，抱着吉他。

女孩小脸尖瘦，长发披肩，肤白貌美，穿着超短T恤，高腰短裤，那是他20世纪80年代来北京时听到的最美的词：尖果儿。

一开口，是女孩清脆而略微沧桑的声音：你问我要去向何方／我指着大海的方向……我就要回到老地方／我就要走在老路上／我明知我已离不开你／噢，姑娘。

他微微闭上了眼睛。

　　※

不知过了多久，女人出来拍了拍他，说走了。女人回了回头看了那个弹吉他的靓女。

很久，两人一路无言。忽然，她开口："还在想着那个姑娘吧？"

男人回过头看着她。女人继续走，望着前面说：如果我那时候多读点书也可以唱的。

猫的缱绻与寂寞

不贪食的生物是难懂的。太聪明，一点也不可爱，作为宠物它们并不合格。

　　　　※

我养了一只猫。

每天我入睡时，便是它醒来的时候，猫是夜行动物。

半夜，熄了灯，室内漆黑一片，只剩窗外隐约的月光。每到这个时候，它便爬上窗台，伸长脖子，看着外边的亮处。黑瘦的影子，逆着光。

我躺在床上看着它，忍不住猜测：它在想什么。

轻轻呼唤一声：咪酱。

它的两只耳朵只是动了动，头也不回，依旧看着窗外。

　　　　※

它是一只从不让自己吃胖的猫，盘中有再多猫粮，也只是每天规律性吃掉一点点。

和人一样，它始终不让自己的胃被填满，或是因为脑子里还有其他想法；不让自己安稳地长胖，大多因为还想自私地野一把。

225

不贪食的生物是难懂的。太聪明，一点也不可爱，作为宠物它们并不合格。

我原本以为，宠物比爱人要好。因为它们能一眼就让我看懂——贪吃傻呆，100% 从属于我，如何处置也忠心耿耿，赶也赶不走。

但咪酱不属于此，它看起来很乖，却总有自己的心事，连亲近都是静悄悄的。

我俩面对面的时候，它总是远远的。唯有当我睡着时，才会悄悄爬上床尾，绕着我的脚趾盘下来，发出咕噜的声音。

梦中，我会半睡半醒地蹭蹭它软软的毛发和暖暖的肚子。

它知道我睡了，所以我知道它安心了，就像两个各自喝醉了酒才敢说真心话的人，不再惧怕和尴尬。

那是一种奇异的寂寞，奇异的亲密。

　　※

上周凌晨，楼下一只猫嚎得特凄厉，在水泥地上来回走动，声音像一条呼呼撕动的绸缎，在风中锯着楼与楼之间的寸寸空间。

当声音飘到楼底，咪酱"噌"的一下站起来趴着纱窗，安静了很久，轻轻发出了一声：喵呜。

那一刻我竟吃醋了，因为这是它跟我生活在一起之后，发出的第一声叫声。

过去我一直以为它是一只哑巴猫。

连续呼唤了几声"咪酱"，它的耳朵动也不动，好像浑身每一根毛都被楼下的声音带走了。

自那以后，每到晚上某个时刻，它都会竖起耳朵在窗台等候着楼下的猫叫。

给她一个家，真的是她想要的吗？

不知道过去漫长的流浪生涯中，她经历过什么。或许也有过爱人和孩子？也是一只有故事的猫？

沉默、怕生、又那么乖顺。那么乖顺，却又从未属于过我。

猫和人，其实又差别多少呢。

并不是每一段执着，最后都能淡成一段"恍如隔世"

年轻时，我们总是很轻易地说出那句"没什么事情是过不去的"，直到后来我们才知道，有些过得去，有些是过不去的。

人与人的关系中，最怕一种状态——没有结束的结束。

曾从朋友那里听到过一个故事。

　　　※

北京一所知名高校有一对恋人，男才女貌，18岁入学后两人惺惺相惜，传为佳话。

毕业后结婚，两人依旧举案齐眉，出双入对于各种场合里。

一天，男生忽然失踪，亲朋好友全无消息，再也没有回来；女孩整个人一夜之间几乎疯掉了，想尽一切办法找人，未果。

几年后某一天，一个消息传到了她的耳朵里：有人在上海老城区一家餐厅见到了他，还是清秀英气，丝毫未见老。

她信了，连夜买机票飞到上海，顺着地址一家一家地找。终于找到，抬头一看，差点晕倒——餐厅名字是一本书名。那本书他睡前总要给她念上其中一段。

她一头栽了进去，拿着行李搬到上海，日日夜夜守在餐厅门口。但他再没有出现过。

这些年她没有改嫁，脑子里永远是那一幅画面：面庞清瘦的他，穿着体面，侧坐在餐厅桌边，一手翻书，一手搭在木椅上，忽然回过头。

※

听到故事的一刻，我的头皮发麻，像被什么钝物击中。击中我的不是那个女人的绝望，而是故事里的未知。

那不过是朋友间辗转来回的二手消息，不知真假。或许餐厅名只是个巧合，世界上以书作名的餐厅多了去了。

她或许已经几亿次寻思过他为何离开，疯狂刨开记忆，试图寻找一丁点的缘由。男人当初的离开会不会是一场残忍的故意？

或许他真的去过那个餐厅，仅仅因为他还记着那本书，和她无关；或许他早有另一重身份，她只是从来不知而已……

※

我之所以会想起这个故事，是因为昨晚看了张艾嘉的《相爱相亲》。

电影由一场迁坟之争展开，外婆离开人世，妈妈执意将外公在乡下的坟迁到城市和外婆合葬。外公的坟由乡下一位老太太（阿祖）守护，阿祖是外公的原配，是家谱上的名义妻子。两人的婚事由家里决定。外公17岁离乡，来城后认识了新的妻子，相爱结婚，留阿祖一人，穷乡僻壤一等就是几十年。

电影没有正面写阿祖几十年孤苦的等待生活，只是留了很大一块让观众自己去想。那些单调重复的日子，人要如何才能立得住，熬得过。

作为一个善变的当代人，我们似乎不再相信"执着"这个词，有什么是过不去的呢？

如果要有，或许是一个东西：希望。

※

电影里，阿祖将他写过的每一封信翻出来：那只是一封封再普通不过的家书——男人省吃俭用省下多少钱寄给她，要她不要记挂自己，记得做一件新衣服之类的话。

礼貌、温暖，只有亲情却没有爱情。但那就是阿祖的希望，她觉得那就是爱情。一如开头的故事，那个餐厅的名字就是女人的希望。

人就是这样，放不下，只因为还有个希望，有个念头，有个郁结。

那个东西能硬得扛过所有。

※

前几天我将新书寄给妈妈，让她捎一本带给外公。外公拿到后哭了。

80多岁的老人，颤抖着接过书一直揉眼泪，嘴里话都说不清，只是几个字来回念："可惜外婆看不到了，可惜外婆看不到了……"

2013年外婆走得很突然。

自从心脏搭桥手术之后，她的身体状况急剧恶化，很快便无法自理，衣食住行都要外公照料。

那是一个清晨，外婆忽然急着要上厕所，她平时从不会这样。外公没有多想，将她抱起去厕所，回来往沙发上一放，外婆便松口气离开了人世。

这成了外公的一个心结。在我们那地方有一种古老的说法，老人在最衰弱的时候如果想上厕所，一定不能去，不能泄掉这身体里的最后一丝元气。

外公觉得是他放走了外婆。

从没有人责备过他，甚至我们都觉得这种说法可笑至极，但这却是他心里再也过不去的坎。

外婆是一个地主家的小女儿，外公是在她家门口摆摊的穷小伙。外婆从小眼睛不好，因为视力问题没法继续上学，后来举家被收，家道中落便嫁了外公。

结婚时，外公对外婆说希望你以后比我先走，你眼睛不好，晚走会要受苦。

外婆一辈子戴着厚厚的瓶底眼镜，老了几乎失明，全靠外公照料。

"我守住了这个，你比我走得早，我没留你下来吃苦"，那天棺材盖合上，外公嘴里一直说着这句话。

外婆走后，他不愿跟任何人住，包括舅舅和我妈。一人守着昏暗的老房子，很难想象他的每一天要怎么熬过来。

我取得的每一个成绩，家里的每一个好消息，他听到总要哭——"可惜外婆看不到了。"

时间久了我们也不再劝了，也知道劝不动了。

　　※

年轻时，我们总是很轻易地说出那句"没什么事情是过不去的"，直到后来我们才知道，有些过得去，有些是过不去的。

过得去的，是那些你心里知道已经结束的事情；过不去的，是那些不由得你来决定是否已经结束的事。

人活着，注定无法事事由我们自己做主，尤其当你在爱的时候。

爱就是给对方、给上天一把刀，我们从此便有了被伤害的可能，从此最柔软的地方便敞露了出来。

那些过不去的执念，是我们毕生之痛的发源，也是活下去的力量来源。

无关大小，无关好坏，就像故事里那个餐厅名字，就像电影里阿祖的爱情，就像外公心里那一桩并不科学的遗憾。

大概须到一定年纪才能明白，人生里，这爱与痛的辩证之意。

"我养你"这种话，为什么经不起细细琢磨？

除了我们自己，没人能供养得起任何一个人。

熟悉我的人都知道，我很少写情感话题，除非有特别值得琢磨的点，比如"我养你"这种话。

"我养你"，大概是全世界女人最难抵御的情话，它包含一个致命因素：霸道。

是的，它杀伤力不是我给你钱花，而是：你是我的女人，我管你。胜在气场。

"我养你"不是物质上的糖衣炮弹，而是一种心理上的压倒，戳中了女人的弱者属性。

我也不知道为什么女人天生喜欢这种感觉：一双大手如同如来神掌从天而降，完完全全将自己控制住。尽管抗拒，其实全是顺从，终于找到了一个能降伏自己的人，可以停止漂泊和前行。

"我养你"这种话就恰好填补了女人心上的这个缺口。

我并想不在价值观上批判什么，我不是什么女权主义者，只是认为这种话是气势上的虚张声势。

也许是一个男人出于狂妄，出于幼稚，出于手段，出于对你俯视的怜悯，而你付出的却是真真实实的人生。

※

我交往过的男性，几乎没人说过"我养你"这样的话。

反过来说，或许正因为我知道他们不会随便说"我养你"这种话，才跟他们在一起。

一者，因为这种话太浮夸。

作为一个反浮夸、反媚俗的人，我讨厌只打雷不下雨的行为，偏偏我记性又特别好，一两次失信，就足以Pass掉一个人，对一切满嘴跑火车的人都敬而远之。

人可以能力有限，但不能太傲慢，尤其在爱情上，那是一种伤害。好像一个小混混对一个乖乖女说：我养你啊，讨饭都有你的一口，不会饿着你。

这种虚幻的浪漫主义放到现实生活中是害人的，害到什么程度？很有可能，最后是这个乖乖女在辛苦工作，养着这个混混男。

生活里这样的事太多了，我的身边就有，40多岁的女人自己打工养活着家里什么都不干的大男人，心甘情愿，很多年。

为什么？

因为他年轻的时候总说"我养你"这种话，他不断造梦，不断给她希望，不断在精神上钳制她。

说到底，女人是一种很软弱的生物，她们特别容易屈服并且相信一些看似强大的承诺。

※

二者，是这种话太浅，年纪越大越讲不出口。

其实养不养，真无所谓。很多时候，这种话就是面子上的事，但往实处想，大部分人说这句话根本没有想太远——"我养你"，怎么养？养哪些方面？是只顾吃喝拉撒，还是连培训旅游娱乐进修都包了？

养，有两种意思，一种是培养、培育，不断让你生长；另一种就是喂饱你，圈着，静态保持。

我想，大部分"我养你"的语境只是第二种，吃喝拉撒管够就差不多了，所以似乎很容易实现。

但人不是一个物件，TA是要不断发展的。除了我们自己，没人能供养得起任何一个人。

毕业的时候，女孩只想有一个稳定的住处；半年之后，她想学法语、想写作了；一年之后，她要换个大房子去更多的地方；两年之后，她会存钱计划自己买房子、买更贵的衣服、去更好的地方……

跳出性别，还是回到人本身。无论男人女人，我们都是人，每年都会给自己制定KPI（关键绩效指标），都想要往高处走，标准也越来越高。

但凡一个男人有点阅历，看得懂这一层，就不会愣头青说什么"我养你"，那是给他自己找麻烦。因为你一旦真决定去"养"了，它背后是无穷无尽的未知，不仅需要钱，更需要操心——女方听话，你喂喂食就好了；女方不听话，你还得搭进去很多东西，值得吗？

谁找老婆不是为了让她好好过日子呢？男人不是慈善家也不是投资人，白白花银子把你养成"女神"？

成熟的两个人在一起，大多都心照不宣的：你知道我作为一个女人的小野心，我知道你作为男人的小私心，彼此互相默认、互相磨合，在漫长过程中找到一个平衡就好了，不必用你的"我养你"来捆绑我，我也不会用什么女权主义来强求你。

一方面，人年纪越大越有敬畏之心，怎敢随意把一个鲜活的人给圈起来？他也知道一定是圈不住的，人不是死物，外界诱惑又那么多；另一方面是变实在了，晓得两个人在一起图的是什么，不过是图个舒服罢了。养不养无所谓，那是年轻气盛的男孩才会自找的麻烦，不聪明、也不实在。

从人情人性的角度看，"我养你"也不是个持续的事物。

※

三者，是这话其实文不对题。

我们生活里常常出现这样的情况——"我养你。""好啊，你养。"

吃喝拉撒好说，但我买个包、买个香水、出趟国，你又开始紧张兮兮了：亲爱的银行刚给我发短信了，花了5000多元，你买什么了啊？喂，我给你钱是用来养家的，你天天买衣服干吗啊？点那么多菜你怎么那么浪费啊，钱难赚你知道吗？

何必呢？

倒并不是说女人瞎花钱就是对的，重点不在这里，重点在于：两个人在一起最重要的是舒服，当"我养你"的时候，就不容易舒服了，压迫感来了。它包含着一种控制欲。

我养你，所以我也有权利评价和指挥你的生活方式了。

我们都说在成年人的生活里，并没有所谓的对和错，有的只有选择和承担责任。

作为一个女人，我选择了消费，就有义务去挣钱，我必须亲自去承担。做得到是我的本事，做不到那我以后就少买一些，这没什么，这是我自己的成长过程。

而"我养你"就很容易带来一种拧巴，让女人以为钱来得很容易，但很快她又发现伸手要钱其实没那么舒服，随之而来的是更多要求，作为一个人，她失去了更多——以前想买的不能买了，想过的生活不好意思过了，想花一千块烫个头没法烫了，买了条贵的裙子还得塞到包里偷偷带回家。

人因为外界而改变自己的生活方式，只有一个原因，经济来源不独立了。

上述这些事情没人不让你做，只要你自己能挣，没人说得了什么。

但为什么那么多被"养"的女人反而越活越畏缩？根本原因是你没有懂得"我养你"这句话真实含义：男人给你钱并不是为了养你，是想让你做个管家，帮他养这个家。

这是另一码事情，你要看得透这一点，别搞混了。这个东西需要的是责任，是担当，不是瞎胡闹，多少女人以为拿着男人的银行卡就等于胡乱刷。

自己想花的钱自己赚，男人给你的钱是用来打理家庭的。如果你没有做好当女主人的准备，那就不要接受"我养你"这句话背后的要求，先把自己过好了，也没什么。

把这两点分开很重要，世界上没那么多伸手即来的好事情。

　　※

读大学的时候，我挂过一次科，好多人劝我找老师帮忙，自己怎么都做不了那种事，只能硬着头皮准备考试，最后顺利通过。

后来想想，为什么明明可以通过努力得到的东西不要，偏要逼自己陷入羞耻而尴尬的局面呢？

找人帮忙也好，伸手要钱也罢，大多都是一个道理——体面和自由，得靠自己挣。

很多人活得戾气满满、争执不休，大概还是看不清，也懒得做：努力，就是为了让自己少走些弯路，放弃一些不必学的东西，少搅些泥潭，体体面面、清清爽爽地活着。

人真的要有自知之明，即便男人对你说"哎呀，分得那么清楚干吗"，你也要有通透的意识：我的自由，是我挣来的，你拿不走；你给我的，是你对我的信任，我会好好处理，不会瞎来。

对人对己始终保留一份界限，才能长久。

我有个朋友，她从不谈论爱情

一个没法维系长期情感关系的人，极有可能内心是个怪物，无论外表如何温暖，条件多么优秀。

※

我有一位认识多年的女友，她什么都谈，却从不谈论爱情。

她外貌不错，学历傲人，头脑聪明，有着良好的人缘，温婉的性格，喜欢小孩，会撒娇会卖萌。

她总是迅速让人着迷，却又像蝴蝶般飞走。对这个世界，她知道很多，唯独除了爱情。

她是一个感情世界一片空白的人，这个"空"可不是单纯，而是空洞。

嗯，空洞。里面什么也没有，既不往外冒，也不往里吸。

连冷漠都谈不上，冷漠起码也算一种感情。

※

我常常觉得，光凭这一点，就能说明她是个怪物。

一个没法维系长期情感关系的人，极有可能内心是个怪物，无论外表如何温暖，条件多么优秀。

爱情，是一种美好的紊乱，忽然撞进你的生活，打破一切秩序。

但据我所知，她的生活很少失序，总是丰富多彩、井井有条，一点也没有被爱情搅乱留下的痕迹。

她唯独有过的，是高一的一段暗恋，对方是个投三分球很棒的男生，除了球技很好，她对他一无所知，只是单纯迷恋他的微笑和小驼背。

那段时间，她总是望着窗外发呆，时不时偷看他。

后来暗恋戛然而止。高考，她成了我们这所破烂学校的全校第一，去了另一个地方。

"我好像没那种能力。"大学第一年，她焦虑地对我说。

"什么能力？"

"爱上一个人的能力。"

"你不是有男朋友么？"

"我好像不喜欢他。"

"那为什么在一起？"

"不知道，但我发现一个人的时候好像更开心。"

后来，她一直单身。

※

和她不一样，我早早在学校就恋爱了，我爱我的男朋友。

毕业后，我们异地了一段时间，然后结婚，生活平淡。尽管偶尔生气，但习惯了彼此，大概是两个人都活得明白：即便再出去重新找，也是重播一次折腾全程而已，不如维持原样。

大学毕业后，她的状态让我担心，因为她甚至都不再焦虑了，而是接受了这种空洞。

有一天，她告诉我她要结婚了。

他的由来和他们之间的感情，她从未提及，这完全符合她的一贯做派。

作为她从小到大的朋友，我和他俩吃了顿饭，对方是一个国企小领导，年纪轻轻却已大腹便便。

不久，她告诉我，她分手了。

"为什么分手了？"

"实在不喜欢。"

"那为什么要在一起啊？"

"我以为可以培养的。"

"咋就培养不了呢？"

"搂着他的臂膀睡觉可以，但没法亲嘴，那就是两片肉，湿漉漉的两片肉。"

看，就是这么一个冷漠还做作的女人。

"那你还说要准备和他结婚？"

"没什么，他最适合。"

"最合适？我完全没想到你这么自私、草率。"她的幼稚简直让我翻白眼。

"不是没结么？"她淡淡地说。

　　※

我早已认定，她就是一个奇葩，幼稚到极点，又精明到极点。

我应该是最接近她冷漠内核的人，毕竟认识了这么多年。

她"爱"过的每个男人，都出于一种功利，这种功利和钱、权无关，否则她早舒舒服服做官太太了。

　　只是，她确实希望从他们身上得到一些什么。我不知道那是什么，反正一直没找到就是了。从这次"差点结婚"事件来看，她似乎正在妥协，但最终还是失败了。

　　或许她压根儿不知道自己想要什么，她的感情地带没有穴位，怎么戳都没用。我给她推荐过无数本爱情小说、电影，她总是看到一半就出戏。

　　"这太假了。"

　　"那你说，什么东西才是真的？"我怒言。

　　她没说话。

　　有时候，她总觉得自己在等一个人，不是别人，只是想象中的自己。

　　如果说在一些时刻里，她有过爱情的伤害或失望，也是因为那个人不是她理想中的样子，而是一个她无法掌控的"别人"。

　　她好像忘了，爱情最美之处，恰源于我们无法把控一颗外在于自己的心。

　　"你这么理智的人，不配有爱情。"我说。

　　"不是，我只是一直很努力，努力到冲在了爱情前头。"她说。

　　"什么意思？"我说。

　　"大部分人的命，都和爱情缠在一起。他们沉溺在爱里，被爱拖着走。我只是瞧不起爱情的盲目，逼自己超过它。等到回头时，爱情已经没有了魔力。"她说。

　　"咋超过？"

"不知道，就是抗拒感性和盲目吧。"

我没有听懂她的话，你永远叫不醒一个喜欢过度解释自己的女人。

"都是废话，说白了你就是冷血麻木，你爱的人，只是你自己。"

"或许吧，所以我从不谈论爱情。"她说。

※

这便是我跟她关于爱情的最长一段对话。在我看来，她不是不想谈论爱情，而是真的无话可谈。

不过，她虽然在爱情方面淡漠，却依旧是个靠谱、优秀、有趣的朋友，你身边有这样的朋友吗？

为什么有些人会爱上与自己截然不同的人？

两人能否在一起不取决于是否是同类，而在于两个人都很通透，能领悟到一个东西——我俩既是不同之人，爱的也正是与自己的不同之处，那就不要再强求是同类了。

※

爱情，是寻找相似还是互补，这是一个老生常谈的问题了。问题虽老，答案却始终晦暗不明。

昨晚，为了给即将出版的书想名字，我把书柜倒腾了一遍，辛波斯卡的诗集掉了出来

翻开诗集，我发现了一行句子：我偏爱明亮的眼睛，因为我的如此晦暗。

忽然很有感触，这句话解释了我自己的问题。我会爱上与自己截然不同的人，太相似的大多成了朋友，没有化学反应。

于是便放下诗集，在笔记本写下了一段话：我偏爱澄澈的灵魂，因为我的是如此阴郁；我偏爱有原则的人性，因为我的是如此软弱；我偏爱傻瓜一般的固执，因为我是如此易于松动；我偏爱一切完整的品质，

因为我是如此残缺。

※

为什么有些人总爱上与自己截然不同的人？因为这类人太了解自己，尤其了解自己的丑恶。

在骨子里，我对自己是讨厌的——太灵太活，容易浮起来，不够厚重，不够实际，不能奋不顾身地去做一件事，自恋、自以为聪明、能说能喷、自我意识很强、太个人主义、不懂付出等等。

我时常进行自我反省，在生活里尽量克制——少说多做，扎实稳重，做一头牛，耕好每一寸枯燥乏味的田地，把心里数以千万的狂蜂浪蝶紧紧锁好。

外人都觉得我好相处、守本分、扎实靠谱，其实我只是早已把自己想明白，才能隐藏得不错。

把自我剔了个干干净净后，每当遇到气场相近的异性，基本也能摸到他可能有的毛病，一旦印证，要么成为朋友，要么就此不再联系。

而真正让我迷恋的，是那些有自己不具备的品质的人。简单纯粹的人、坚毅讷言的人、克制理性的人、原则性很强的人（强到有些傻）、靠谱但不太聪明的人、对一件事情有持久热情的人……这种人，好像是另外一个宇宙，因为他们性格里最根本、最肇始的那个"核"跟我完全不同。

我曾在《世间从无双全法》这篇文章里写道：人是一个复杂的系统，盘根错节，每个人的优点和缺点，往往肇始同一片土壤。

这个土壤，就是那个"核"。

这导致他们的思维方式、表达方式、看待问题的立场、品位、娱乐等各方面都跟我完全不一样。这种"非同类"的恋爱模式注定辛苦。举个例子，一个文艺女（男）爱上了一个科研/实业男（女），一般很悲剧。

也许你爱上的是他不自知的执着、固执的原则性、稳如泰山的凝聚力，但这个东西往上追溯的核，很可能同时导致他是一个不解风情、穿着老土、说话简短、情绪内敛、审美直男的人。后者这一系列，将成为你们沟通的一堵厚障壁。

你爱上一个人的A面，附带就会有对应的B面。AB两面是必须照收的，但更重要的是，你和他，必须有同步的悟性，都能意识到彼此的差异，并且欣赏对方的差异。

否则，最常见的结局便是：你还在苦苦坚持，他却只想找个相似的人，跟他在同一个话语系统里的人。

※

难道两个差别很大的人真不能在一起吗？

也不见得，李湘跟她老公，刘嘉玲和梁朝伟等等，都是一个偏商业，一个偏艺术，差别很大，也能在一起。这是因为，两人能否在一起不取决于是否是同类，而在于两个人都很通透，能领悟到一个东西—— 我俩既是不同之人，爱的也正是与自己的不同之处，那就不要再强求是同类了。

在这种觉悟下，我们彼此都很清楚：你犯的错，我犯的错，它们肇始一个根本的东西——我俩本质上的根本差别。

心中早已埋下这个前提，所以会有包容的余地，会去理解，去修复，会有耐心。因为我们明白：我爱的，是你这个核——这个我缺乏的东西，好的坏的都会来，都是同根生。

由这个"核"导致的很多摩擦，可能一辈子都无法杜绝，但我乐意包容，你愿意克制，就够了。

我会爱上你，本就因为你我不同。所以两个截然不同的人能走到一起，基本都是非常通透的人。他们对这段感情有一种前瞻性的、俯视性的视角。一旦想透了最根本的，后续问题发生时，就不会困在里面撕咬得很痛苦。

　　说到底，两人能否在一起，还是要看智性水平是否一致。但大部分人，都是囿于自己的框架，带着评判的标准去爱的，有意无意要求对方变成和自己"一边"的人。

　　若只是一些细枝末节，这倒无所谓。但如果试图纠正的是一种活法、人生态度，就比较麻烦，或许你根本未曾了解对方。

　　当我们试图从根本上去改造一个人时，很可能你没搞清楚自己到底喜欢对方哪一点。

　　人，只要很明确自己喜欢的到底是对方哪一点时，便会非常勇敢。承认你的好，就会接受与你有关联性的种种'坏"，它们的存在是合理的、甚至是可爱的，而不会去批判、强改它们。

　　至少于我而言是这样。

购物车，一个缓冲之地

虚妄的欲念，就那么一下子的事，三天、三小时、三分钟过去之后，当时那种非要不可的劲儿就全然不在了。

自淘宝被发明后，购物车便成了一个很有象征意味的东西。

※

每隔一段时间，我都会登录淘宝，点开右上角的购物车，就会"唰唰"出来一堆陈年旧月里的收藏——香水、去毛球的机器、T恤、牛仔裤、连衣裙、床单、内衣、发带、猫粮、耳环、炖汤厨具、鞋子、收纳盒、警报器、润肤乳……

记不起何时把它们扔了进去，但每一次清空，购物车又会像春天的杂草一般无声地长起来，维持着某种平衡。

可以肯定的是，这些物品都曾在某一瞬间让我动心，最后却并没有买下。

购物车就成了一个缓冲之地，一个不必做出直接割舍举动的地方。这便是它的象征意味：对"欲望备胎"的死缓判决。

生活中的很多东西，是可以折射出人性的，因为人使用它们的方式，就是对待世界的方式，购物车是个典型。

一开始，我使用购物车，目的很简单，就是以防忘了准备要买的东西，合并下单挺方便。

渐渐的，当我开始意识到自己的欲望太多时，便对购物车有了一些自私的使用目的：它只是个屯放欲念的地方。

起心动念时，我不拒绝这些欲望，却也并不行动，只是默默把它们加入购物车。这样一来，心恢复了平静，但潜意只却明白：很可能我不会再回来了。

因为我太明白，欲念有真有假，是有时效性的。真的欲念，很长时间过去以后，它还在那里，犹如烧红的铁丝。

虚妄的欲念，就那么一下子的事，三天、三小时、三分钟过去之后，当时那种非要不可的劲儿就全然不在了。

正因为看透了欲望的真实与虚妄，才要找到一个方法治一治它。购物车便是个不错的选择。

　　※

之所以说购物车是一个象征，因为它不仅仅可以用来减轻物欲、情欲、表达欲、虚荣欲、自我证明欲、好胜欲……这些东西，都需要购物车。

生命中真正需要的，是有作用力的结果，而不是空泛的欲望。

上文说了两种欲望：真实的欲望、虚妄的欲望。

真实的欲望，很实，不那么容易散掉，因为它的由来有根有据，所以可以激发人去努力，比如你在某一个领域里的事业、你未来的家庭理想、你下一个阶段的目标等。

虚妄的欲望，很碎很轻，起来很快，退去的也很快，它的由来不生根于你自己，而是不明的外界或本能，比如刚刚说的那些情欲、表达欲、自我证明欲等。

　　这些虚妄的欲望，大多并不具备有效的作用力，却常常给生活的主干道带来干扰。

　　佛说"降伏其心"，这四个字有很多种阐释，我个人的解决方法不是去压制它们，而是制造一个类似于购物车的小空间，让其落定下来，然后慢慢消散。

　　以前常常忍不住发微信朋友圈：心情好、天气好、觉得自己美、去了哪了、吃了啥了……立刻就想发出来，但只要顿个几分钟，再回头想想，就不那么想发了。

　　掉过头去想，发这个是为什么？大多数是为了证明些什么，让别人觉得我是个怎样的人。孤独而不自足。

　　面对欲望时，顿一顿，想一想。这个习惯并不会耽误我们做真实的自己，这不是压抑自我，反而是节省元气。

　　因为但凡有价值、出自本心有根有据的东西，都是经得起时间推敲的。而那些出于习气、浅显的、易于松动的东西，是连你自己这一关都过不去的。

　　所以，很多人都有删除、修剪自己朋友圈的习惯，这就是一种典型的自省行为。

　　※

　　在人与人的关系上，自己也如此。很多人觉得，我是一个有些"冷"的人。

或许是太明白，大多数欲望其实并不具备长久的合理性，也非生活所必要，便不会放任自己去冲动。

大多数关系，爱情也好，友情也罢，一时兴起的好感我从不拒绝，而是让其生长、升温。但同时，我会同时往后退散，刻意去拉长这种化学欲望的时间，让它们进入一个购物车。

时间过了，不再想联系的人，那就不会再联系了；时间过了，还想约出来喝喝咖啡、走动走动的人，或许就落定在了自己的生活里。

这么做，从他人的角度来看，我是比较自私的——如果不喜欢，那就直接说啊；如果喜欢，为什么又不在一起呢？

对此，我有一个一以贯之的观点：生活中的很多，我们不能以价值观的"好"和"坏"去评判。

这里说的，只是一种人成熟之后便会出现的心理应对。

面对欲望，我们深知人性的软弱，越压抑越反弹。我们能做的是尽量去鉴别它，通过耗损它，以检验这种欲望是真实还是虚妄。

人到了一定年纪，便不愿再容忍那么多泡沫挤在生命里，被它们带着跑，狼狈而局促。但人毕竟是动物，很难抵御住那些肤浅之物带来的诱惑。

怎么办？

这就是我想到的最好的方法。

不做"当地人"，才能爱上一座城

能让人一次次强化"爱"这个概念的东西，其实是"失去"与"重获"，是"离开"与"复归"，是在一次次心境切换的过程里，我们加深了对爱的意识。

人要爱上一个事物，很多时候不是因为"在其中"，而是因为"离开过"。

对一个人，一件事，一座城市，一种生活，都是如此。

多少人从相遇到相恋，分分合合许多年，才越来越离不开。

是蜜恋时刻让我们决定与某个人相守一生吗？大概不是吧。

能让人一次次强化"爱"这个概念的东西，其实是"失去"与"重获"，是"离开"与"复归"，是在一次次心境切换的过程里，我们加深了对爱的意识。

对城市，又何尝不是如此。

※

"故乡"这个词，只有离开的时候才有意义，否则你只是"当地人"。

作为一个南方人，我从小对"南方"没什么特别感情。春日潮腻，夏天湿热，秋天短暂，冬日阴冷，这便是我对南方的印象，反倒是对书里"北平之秋"的描述分外向往：多么辽阔、高远、大气啊！

离开，去成为一个异乡人，一直是我的梦想。

后来有幸来到北京，一待6年多，却也渐渐生出麻木，日子不知不觉落定在了工作案头、健身房、星巴克、外卖、商场等等离家三千米以内的一切。

很快，我与北京便进入了"踏踏实实过日子"的阶段，少有什么花里胡哨的东西了。

那时我总觉得，"风景再美跟我又有何关系呢？不过是游客的一时新鲜罢了，我才是那个真实生活在它内部的那个人"。

于是，当我身边许多人依旧用初恋者的心情与这座城市相处时，我多少有些鄙夷的。

还记得一年冬天，我在北京上学，忙着啃书就业，一位比我早来北京几年的姑娘硬拉着我去看雪。那时候天是真冷啊，两个人穷得叮当响，裹着大衣去故宫看雪，完了搓着冻红的手去吃了一顿烤鱼。

那时，她是我最好的朋友，陪伴我在北京读书的整整几年。她在上班，做着最普通最初级的工作，累而艰难，却总隔三岔五拉着我去瞎转，似乎害怕错过这座城市在任何一个季节、任何一个时刻的模样。从西城到东城，从胡同到展览馆，从大雪到黄叶，连北京的大学几乎都被她逛遍了。

我忙着完成种种焦头烂额的KPI：课堂报告、论文、实习、工作、户口……而她是一个性子温吞毫无攻击性的女孩，总让我替她心焦。

"我觉得你在北京就是一游客。有啥好逛的啊？"那天，看完雪，我和她在烤鱼店里。"你难道不希望从它这里得到点什么吗？来北京总有个目的吧"。我委婉地问。

"得到什么？"

"对啊，工作，事业，家庭，不能一直飘下去，你得真的在北京站住了，而不是观光客。"

"我只想做一个观光客。"她说。

那年冬天过完，她回了湖南，结婚生子，现在已是两个孩子的妈妈。我还在北京，独自生活。

生活有时候就是这么荒谬，那个雄心勃勃要占有一座城市的人依旧在飘着。那个温温柔柔把玩一切的女孩却很快被卷入柴米油盐。

那时我大概是抱着一种"怒其不争，哀其不幸"的幼稚和粗鄙在看待她的生活，觉得她那是一种浪费时间的活法——明明一无所有还瞎凑什么热闹？到底要不要在北京混下去？

回想北京这6年，大概前5年时间，我都处于那么一种幼稚和粗鄙的功利中，反而什么都没得到，至少在一些自己在乎的事情上（无关金钱）。

直到最近一年，才不再那么紧绷，我已越来越希望活成她当初的样子。

具备一种"游客"心态，才看得到生活的美。

唯有当我们远离一个事物时候，才能看清它，才能重新爱上它。

　　　　　　※

　　昨天和两个好友突发奇想，到杭州过一个周末。

　　如果没记错，这应该是今年过完年之后第一次来南方。

　　10月底的杭州还是莺莺燕燕，绿树成荫，若有若无的桂花香，老蝉依旧肆意，执着抵抗着秋的到来。空气里全是植物汁液的味道，从走出机舱的那一刻开始，我感觉到脸颊的皮肤渐渐充盈，饱满，直至渗出一层薄薄的油腻。

　　"南方"这个概念，再一次跳进了我的脑海。

　　记不清从什么时候开始，我会开始听赵雷的《南方姑娘》，也记不清什么时候开始，不再觉得北方的秋有什么神奇之处。

　　就这样，我成了北方的"本地人"，又开始怀念起南方的"异乡"。

　　人就是这样，对一个事物向往，适应，然后厌倦，接着再次向往另一个地方，永不满足。

　　所以米兰·昆德拉说：生活在别处。

　　对任何一个热爱的事物，爱情也好，城市也罢，去"接近"就好，但不要"成为"；去"游览"就好，但不要"浸入"；去做一个"游客"，但别做一个"当地人"。

　　这便是我们对于活着的贪心。

※

生命的本质到底是什么呢？

大抵能分成这两种：

一种是致力于完成某一个垂直的愿景，一种是为了体验至多的广度。

前者是精进，后者是不拘，它们都需要花费我们很多年，很难兼得。

这两者这并没有好坏之差，更何况大部分人骨子里都混合流淌着这两种血液，活于分裂之中。

一方面，必须占着一个"此处"——和"这个人"相爱，在"这里"生活，挂一个"当地人"的名分。赚钱、养家糊口，建功立业。做"当地人"的时候，我们注定很难看见它的风景，因为我们无时无刻不在想着从它这里得到什么，索取生产资料。

另一方面，心里又必须有一个"别处"——和"那些人"相爱，在"那里"浪荡、漂泊、做一个自由的"异乡人"，尽情欣赏一切美。只要美，只要美，只要美，就够了。

这个矛盾几乎很难解决，跟钱没有太多关系。无论多有钱，一旦认真计算起生活，便只剩下生存。就好像你伸手入水，明白水的存在，一旦要抓起，就什么都没有了。

我想这便是旅行的意义，也是为什么我们总会有离开的念头。

有时候，人需要离开，需要远远观望，需要不浸入其中，需要做一个游客。

感受生活，却不介入生活。

这样的时刻注定很短，却是必备的。我们必须时不时对日子保持陌生感。

唯有这样，才能重新爱上粗粝的现实、爱上那个身边的人、爱上那座已经再日常不过的城市，不被厌倦所击败。

不必用做作的方式，去得到你想要的东西

每一次试图背叛自己，注定是更加汹涌地回归。

※

人活着，会有一种持续性的怀疑——对自己面对世界的方式存在怀疑。

尤其当我们得不到某个事物时，便会质疑：是不是我面对这个世界的方式出现了问题？

于是，我们会给自己来一个大改变。

比如"好"女孩忽然一夜之间变"坏"。

这样的故事，曾经很多次发生在我的身边。

原本规矩、纯良、拘谨的女生，不知道受到什么刺激忽然换了一副面孔出现。

但结果是，最后她们又回到了本来的位置，甚至比以前更加保守了。

大概最终都认清了一个道理：每一次试图背叛自己，注定是更加汹涌地回归。

不仅你自己拧巴，现实也会将你狠狠戳回来。

※

值得玩味的是，

只听过好女孩忽然变坏，却鲜少听到坏女孩忽然变好。

为什么松动者，常常是纯良的老实人？

卢梭的《爱弥儿》里有一句话：痛苦，产生于愿望和能力的不相称。

欲望和能力的不相称，是我们总想扭曲自己的原因。

但为什么要扭曲自己变得更坏，而不是更好呢？

说到底，人总是对"善"抱有怀疑，对"坏"却心存侥幸。

虚伪、做作、阴谋、自私、谎言、哄骗……

这些教科书里看起来明显是贬义的词汇，却成了成人现实中暗地里被觊觎的品质。

没有人希望别人用这种方式对待自己，但我们却骄傲于自己能炉火纯青地用这些方式来对待世界，获得更多捷径和资源。

※

这些聪明的恶意，到底是不是赢得世界的最佳方式呢？

我不知道，也不愿做任何价值判断。世界是复杂的，没有一种"好"和"坏"能单独起作用，所有结果都是混合的产物。

但有一点或许是可以肯定的，

面对世界的最好方式，一定是最适合你自己的，而不是做作。

坏女孩会成功，恰恰是因为"坏"并非她的故意，那本身就是她的特质，有些人就是天生张狂，自带戾气。

无论是谁，对最想得到的事物，人的最佳姿态是舒展，而不是扭曲。

模仿者总是得不到最好的。伪装能让我们暂时活得不错，却无法抵达极致。

那些活得畅快的人，一定是为自己的本性找到了一条最合理的道路。

舒展到最大化。

他们保留了自己的独特特质，后来因种种机运，遇到了能够极大纵容、助其放大这种特质的条件。

一半是天资，一半是命运。

人控制不了后者，但我们至少让自己做到第一步：

保留你的原汁原味。

※

人总是对"改变"抱有幻想。

好像我们只要改变了对面世界的方式，一切就会好转，我们就能得到自己想要的。

但那只是暂时的，它无法解决根本问题。

一样东西你总是得不到，原因有太多种。

举一种最常见的情况：你其实并不适合它。

我们对一个事物的认识常常是间接的，比如舆论对它的评价，它的外在地位，别人是否希望得到它，等等，这些因素都容易诱发我们对某件事、某项工作、某个人的欲念。

其实你并不了解它，你不知道它是否适合你，你更不知自己到底要什么，所以对外物没有抗拒的力量。

很多时候，人都处于在这种状态之中而不自知，来回耗损。

身边有朋友辞职，我问她原因：为什么要走？

她说"这份工作好累，我需要更多属于自己的时间，我想要自己的生活。"

半个月之后，她换了一份工作，比之前那份工作更忙，更辛苦。

我问她：你不是说要一份更清闲的工作吗？

她没有回答，只是说了一句：不知道。一是太想从原来的地方离开，一是这家公司名气大，所以就赶紧签了。

并无批评之意，我想它其实是我们很多人的竟遇：

很多时候给了自己一个行动的理由，但下一步的行动却无法自圆自证。

"名气大""薪水高"这些外界之物就这么轻轻巧巧摧毁了我们给自己的界定：我想要更多属于自己的生活。

其实真相是什么呢？

你并不知道自己到底要什么。

你只是什么都想要，但又经不起熬。

这样的经历我自己也有过，很多时候急忙忙离开上一个境遇，只是因为熬不下去，多少带着一些逃避，急忙拽一个理由说服自己。然后遇到下一个更大的诱惑时，又轻轻巧巧地投降。

你会说，这不是很好吗？奔着名气去？奔着薪水去？奔着那些诱惑而去。

当然好，对于一时的存活而言。我们当然要一步步地变得更好。人往高处走，水往低处流。

但那却是一个无穷无尽的黑洞，无法解决的长痛。轻易开始，轻易厌倦，苦的轮回，永无宁静。

这个世界上的任何一种成就，都要经历放弃和赌注。

你愿不愿意为了它放弃，下赌注，就是取决于你是否明白了自己是谁。

唯有知道了自己是谁，擅长什么，从心底说服了自己，我们才敢一条路走到黑。

否则，永远活在无数个"未尝不可"里。

这也未尝不可，那也未尝不可，哪里的条件好，我们就往哪里去，轻轻易易投降。

像一头担惊受怕的小兽，无定力，易心软，易害怕，总想迅速躲到一棵大树下，容不下任何一丝一毫的漂泊时刻。

当人处于这种情况，想要接近某个"想要之物"时，方式必然就是做作的。

因为你都没有理顺你自己。

你总把自己想象成这个，想象成那个，想象成那些外界评价里的偶像们，觊觎着他们的生活，反过来倒推出你的"想要"和获取方式。

所以，好女孩会一下子变坏；

所以，诗人会一下子变成媚俗狂；

所以，本来平静的你容易瞬间被鼓吹，被打足鸡血。

人就是这么容易做作，这么容易忘掉本心，这么容易跳出自己原本的皮囊，像演戏一般活着。

※

演戏容易，演戏更有瘾。

有时候我们拼命做作到甚至把自己都给骗了。不外乎是为了求一个心安，安放点什么，给生命找到意义。

但意义从来不是别人给你的，它是你主动选择的结果。

任何一种体制、任何一种上层建筑，都是一个漩涡，整个世界就是由无数个漩涡构成。你踏进任何一个，都要顺应相应的规则，都会有看不见的力量在。

要存活下去，这在所难免。

认识到这个现实的无奈，才更要留一隙清醒。

在被动中找到主动，在挤压中找到空间，或许这是突围的唯一机会。